Osprey Military New Vanguard
オスプレイ・ミリタリー・シリーズ

「世界の戦車イラストレイテッド」
40

第二次大戦の超重戦車

[著]
ケネス・W・エステス
[カラー・イラスト]
イアン・パーマー
[訳]
南部龍太郎

SUPER-HEAVY TANKS OF WORLD WAR II

Text by
Kenneth W. Estes

Illustrated by
Ian Palmer

大日本絵画

◎著者紹介

ケネス・W・エステス
アメリカ合衆国海軍兵学校を1969年に卒業後、海兵隊で多様な指揮・幕僚任務につき、1993年に退役した。ヨーロッパ史を専攻して1984年に博士号を取得、デューク大学、海軍兵学校、地元の学校で教鞭をとった。専門書数冊を編集し、在職期間を通じて軍事誌と学術誌に多数を寄稿している。1992年には、スペイン外人部隊から名誉隊員の称号を授与された。

イアン・パーマー
経験豊富なデジタル・アーティストである。3Dデザイン専門学校を卒業し、現在はイギリスの大手ゲームソフト会社のアートディレクターをしている。

謝辞
著者は、多くの個人と機関のお世話になった。米国立公文書記録管理局（NARA）の近代戦史課長ティモシー・ネニンガー氏には、本書の基礎として欠かせない、同局所蔵の資料を提供していただいた。デビッド・フレッチャー氏とスチュアート・ホィーラー氏には、英国ボービントンの戦車博物館と図書室を案内していただいた。マイケル・グリーン氏とスティーヴン・J・ザロガ氏には、個人蔵の資料と情報を提供していただき、またダニエル・シェペタス氏とともに本書執筆中の長年にわたって助言をいただいた。Josef Poslitur、クリス・ヒューズ、ジェーソン・ネグリ、マイク・ヴェラル、ヒラリー・ドイル、滝沢彰の各氏にもお礼を申しあげる。

献辞
本書を、アメリカ合衆国海兵隊マーシャル・"バック"・ダーリング大佐（1941-2004）に捧げる。大佐は著者の二人目の教官であり、いつも励まして自信を持たせてくださった。

目次　contents

4 はじめに
Introduction

5 超重戦車の開発：1918年〜40年
Developing the super-heavy tank, 1918-40
シャール2C
1940年までの初期発達：超重戦車FCM F1の設計と仕様

9 大戦と超重戦車計画：1939〜45年
War and the tank programs, 1939-45
TOG系超重戦車
KV-4超重戦車計画
ドイツの超重戦車：マウス、E-100、ヤークトティーガー
後発国の参入：日本のオイ車、アメリカのT-28、イギリスのトータスA39

46 総括
Summary

47 参考図書
Further reading

第二次大戦の超重戦車
Super-Heavy Tanks of World War II

Introduction
はじめに

　民間の歴史愛好家が戦車の源流をたどっていくと、あの天才レオナルド・ダ・ヴィンチが描いた戦闘馬車や移動要塞、あるいはモスクワ大公国やフス派戦争の時代の兵器に行きつくかもしれない。戦車と戦車戦は、古代ローマの戦車や騎兵が起源だとも言えるが、近代の戦車はまた、攻城機械の進化にも影響を受けている。動かしがたい事実は、陣地戦の膠着状態を打破するための新兵器として20世紀初頭に戦車が誕生したということだ。

　第二次世界大戦の超重戦車は、攻城機械の末裔だ。戦闘車両としては、第一次大戦の突破戦車に種の起源がある。内燃機関、金属加工技術、速射砲の急速な発達によって実用化が進んだ。第一次大戦の西部戦線で発生した軍事上の切実な問題が、後年の進化の原点となる。

　本書では、超重戦車を重量70t以上の装甲戦闘車両と定義することにする。米陸軍が1946年に定めた簡潔な原則、80ショート・トン基準による分類だ。国際標準が存在したことは一度もなかった。第二次大戦以前の突破戦車計画が、第一次大戦で甚大な戦禍を被ったロシア、フランス、ドイツで生まれたのは、自然な成行きだ。大戦間の計画に、第二次大戦の超重戦車の始祖を見ることができるので、本章と次章で解説していく。

　第二次大戦劈頭に超重突破戦車を保有していたのはフランスだけだが、他の主要参戦国もやがて超重戦車開発に乗り出すことになる。フランスに優る新型突破戦車、あるいは機甲戦を支配する超重戦車の開発が目的だ。後者は、ほとんどドイツ陸軍の独擅場だった。これはドイツが、日増しに悪化する戦局と混迷を極める産業指導体制という双子の重圧下にあったからだ。

　第二次大戦で列強が生産、あるいは実戦配備した超重戦車は、きわめて少数だったが、偉容と高規格の性能諸元がAFV愛好家や学識経験者、さらには軍人の興味をひいた。資料が見つかると、さらなる情報の探求がはじまる。この魅力は、計画から派生した技術革新に由来するところが大きい。並の大きさの戦闘車両ならば、自動車か機関車の製造技術の応用で事足りた。超重戦車の開発は、当時の戦車運用者や設計者の想像力の限界への挑戦だった。かくして、今日でも戦車・装甲戦闘車両史の殿堂で重要な位置を占めるに至った。

Developing the super-heavy tank, 1918-40

超重戦車の開発：1918年〜40年

　はじめて実用化された近代戦車は、イギリス陸軍が考案・開発したもので、1916年9月15日にソンム会戦で実戦投入された。これは菱形の大型装甲装軌車で、一体型車体の内部に駆動装置、機関銃、カノン砲と乗員を搭載し、銃弾と砲弾片に対する防護を施してあった。この「タンク」は、独特の車体形状により、幅2.44mまでの塹壕を超えることができた。タンクというのは、もともと開発計画の防諜に英軍が用いた秘匿名で、違和感がともなう「陸上艦＝Landship」という呼称よりも通用するようになった。戦車は、鉄条網を突破して敵機関銃座を制圧するために使用し、随伴歩兵や砲兵支援とともに集結使用することで、次第に戦果を拡大していった。停戦までの2年間で、イギリス陸軍とフランス陸軍は、数百両の戦車を実戦で使用している。なかには二人乗りの軽戦車や、火砲を収めた旋回砲塔を持つ型式もあった。ドイツは、辛うじて数十両の戦車を配備できたにすぎず、これは利点がなく資材が逼迫していたためだ。連合軍は、より高速の戦車を開発したが、実戦投入した形式は、全般に徒歩速度で持続走行距離の短い戦闘車両で、歩兵支援用に一種の装甲破城槌あるいは攻城機械として使用した。

　1918年には、ドイツとフランスの陸軍がともに、1919年の決戦に投入すべき次世代戦車を計画していた。双方とも戦線膠着の打破が目的だった。ドイツ参謀本部は、もともと戦車にほとんど興味を示していない。導入当初に威力を発揮しなかったためだ。1917年の戦争計画は、西部戦線で持ちこたえて、東部戦線で決戦攻勢をかけるというものだった。しかしイギリス戦車の性能が向上していくなかで西部戦線で攻勢に転じる必要性から、1917年に新政策が打ち出される。ゆっくりと進化していたA7V戦車は、1917年前半に増加試作が発注された。この先行生産型の完成を待たずに追加施策がとられる。A7Vを支援する巨大戦車、大型戦闘車両（Kヴァーゲン）計画である。計画重量150t、77mm要塞砲4門と機関銃7挺で武装し、船舶用ディーゼルエン

Kヴァーゲンは、構成に艦船設計の影響が色濃く見られる。初期の陸上艦の典型だ。車長と砲術士は、司令塔（艦橋に相当）から周囲を監視し、2名の操縦手（操舵員に相当）を指示した。操縦席には覘視孔がない。車長は、砲手や銃手にも射撃命令を出した。Kヴァーゲンは、約30tの構成品に分割して鉄道輸送し、前線から数km後方で再組立する。同一縮尺の模型の左がKヴァーゲン、右がA7Vである。A7Vは、もしもドイツが継戦していたら、Kヴァーゲンの支援のもと陸戦の主役になっていただろう。
（模型製作と写真撮影：スティーヴン・ザロガ）

1918年の停戦時に、ベルリンのライベ製作所でKヴァーゲン突破戦車2両が完成に近づいていた。
主要諸元
重量120t、全長13m、全幅6.1m、全高3m、超壕能力4m、最大装甲厚30㎜（前面と側面）
武装：77㎜要塞砲4門、7.92㎜機関銃7挺
動力：ダイムラー・ベンツV型6気筒ディーゼルエンジン2基、各出力650hp
速度：8km/h
乗員：27名（写真提供：NARA）

ジン2基で駆動するという構想だった。結局、重量を約120tまで引き下げた設計に落ち着き、1917年6月28日に10両が発注された。橋梁建造会社2社が組立を受注し、完成までに1年かかる見通しだった。装軌式の足回りは、土木機械のものを転用している。

1917年10月、参謀本部はKヴァーゲンの運用を見直して塹壕戦用に限定、戦果拡張には不適との判断を下した。翌年の停戦時には、ベルリンのライベ・ボールベアリング製作所で2両がほぼ完成状態（うち1両はエンジン未搭載）にあり、さらに1両がカッセルのヴェックマン車両製作所で完成に近づいていた。ドイツ軍は、連合軍の厳重な監視下、この3両をすべて解体している。

シャール2C

フランス陸軍は、ジャン＝バティスト・ウジェーヌ・エスティエンヌ将軍の指揮のもと、戦車を開発して戦車部隊を編成、多数の技術革新を経てFT-17軽戦車を配備するに至る。FT-17は、旋回砲塔を持つ最初の戦車で、歩兵随伴戦車として大量生産が可能だった。一方でエスティエンヌ将軍は重戦車戦術の信奉者でもあり、サン・シャモンやシュネデールなどの突撃戦車よりも大型で戦術運用を重視した戦車も求めていた。いずれ軽戦車3〜4両に対して重戦車1両が必要になると、早くも1917年2月の時点で予見している。すでに地中海鉄鋼造船所（FCM）社のラ・セーヌ＝シュル＝メール造船所（トゥーロン）が重戦車の開発を進めており、将軍の奨励をうけて約68tの超重戦車を提案した。旋回砲塔に75㎜砲を搭載、35㎜以上の装甲で防護して、幅4.5mの超壕能力を目指すという案である。政府と軍部との折衝を経て、結局1919年の戦争計画に300両のシャール〔char=戦車〕2C導入が盛り込まれる。停戦により調達数が大幅に削減され、わずか10両の超重戦車の予算措置がとられた。

フランス陸軍は、1921年に受領完了したシャール2Cにより、超重戦車の戦力化にむけて実車の試行で運用方法を確立できるという絶好の地位を得た。1939年時点での車齢のため、シャール2Cは過去の遺物のように誤解されるかもしれないが、実は多くの革新技術を秘めている。70t級として世界で最初に実用化された戦車なのだ。ほかにも「世界初」が多数ある。

完成間近のシャール2Cの2号車で、のちにPicardyと名付けられた。FCM造船所で撮影。まだ4挺の機関銃を装着していない状態で、75㎜主砲塔（および後部の機関銃塔）の上に独特のキューポラが写っている。キューポラは、二重円筒の内側が毎分300回転するストロボスコープにより、縦長のスリットを通して外部の視野を確保しつつ、小火器の弾丸を遮断する仕組みになっていた。
（写真提供：Marius Bar, トゥーロン）

- ●超壕能力4m以上（4.5m達成）
- ●装甲砲塔に長砲身75㎜砲を搭載
- ●補助機関銃塔を装備（塹壕掃討および後方防御用）
- ●車体前部に機関銃を搭載
- ●エンジン出力500hp以上
- ●車内区画の分割：操縦室、戦闘室、および機関室（現代の標準構成）
- ●砲塔にストロボスコープ（回転展望装置）を採用

　大戦間のイギリス、ドイツ、ソ連の研究や計画にも重突破戦車の概念が見られたが、フランスは、この用兵思想を細部まで徹底研究した。フランス陸軍は、第一次大戦の教訓と経験を分析し、1918年から40年までの期間に70t級のシャール2Cを皮切りに重戦車の開発計画を推進した。マジノ線の構想と建設もまた、フランスの重戦車および超重戦車の研究・設計で重要な役割を演じている。新設計の戦車は多様な手段により、敵戦車を撃破し、敵の突破を阻止し、あるいは敵要塞を強襲して、マジノ線などのフランス防衛施策を補完することを目指したのだ。研究対象は、当初の最大重量45t級から、武装と装甲の強化とともに大型化していく。1920年代後期には、chars de forteresse（要塞戦車）の設計として、100～150㎜装甲板で防護し75㎜高初速砲を搭載した100t級戦車を要求している。1938年には、要塞の銃眼を撃ち抜く90㎜砲と火炎放射器の採用が盛り込まれた。多様な設計案のなかには、骨格戦車、連接戦車、双主砲、複砲塔、分解により鉄道輸送が可能な戦車、鉄道台車上に据え付けた戦車などがあった。第二次世界大戦の勃発にともなって一部計画の中止が急遽決定され、重量140tや220tの戦車が設計段階で廃案になっている。1940年4月13日、要塞戦車審議会の第8回会議が召集された。審議会は、軍需産業の提案を検討したのち、FCM社に制式呼称F1という戦車10両をただちに発注、1941年5月または6月までに運用可能にすることを要求している。しかし1940年6月のドイツ軍侵攻で、この決定が無意味になってしまった。

　とはいえ審議会の決定は、老朽化したシャール2Cの数奇な流浪の発端となったのではないだろうか。1939年の時点で、わずか8両のシャール2Cが使用継続できる状態

シャール2Cは鉄道輸送のために分解する必要がなかったが、この写真では高さ制限にあわせて前部砲塔のキューポラを取外してある。輸送には専用台車を使用し、平坦で安定した線路上で、35t油圧ジャッキ4基、緩衝材、その他の支持器具を用いて積み降ろしした。

（写真提供：Marius Bar, トゥーロン）

にあった。ただし1919年に戦時賠償としてドイツから接収したまま退蔵してきたマイバッハ・エンジンに換装すれば、という条件つきである。当初この2C戦車8両は、ポーランドがドイツの侵攻を阻止した場合に発動の可能性がある対独攻勢に備えて控置されていた。しかし前方展開は中止され、ひきつづき第51戦車大隊がシャール2Cによる訓練をおこなっている。生産が決まっていたF1超重戦車の乗員候補生を養成していたようだ。南方への退却命令を第3軍から受け、修理不能な2両が1940年6月13日に破壊された。残る6両は、鉄道輸送用の台車に積載した状態で数日後に使用不能になってしまう。総退却のなか、機関車を失った列車で進退が極まり、台車から降ろせなくなってしまったのだ。この6両は、のちに戦利品としてドイツに移送された。

1940年までの初期発達：超重戦車FCM F1の設計と仕様

F1は、契約獲得をめざしてFCM社が審議会に提示した実物大木製モックアップから進捗していない。しかしこの計画は、進化しつづける超重戦車の工学・技術上の水準点となる。戦闘重量139t、まさに「陸上戦艦」といえる超重戦車であり、多様な任務を想定した砲塔2基が特徴だ。360°旋回できるよう主砲塔を高位に配置し、海軍のDCA1926年式90mm/L50（Lは砲身長と口径の比率）対空砲の派生型と砲弾88発を収める設計だった。この主砲は、敵要塞の銃眼を撃ち抜いて無力化することを目指している。諜報機関が独ジークフリート線の要目を把握していない情況で、なんとも大胆な目標だ。

副砲塔は、1937年式47mm対戦車砲と砲弾100発を収めた。この対戦車砲は、要塞戦車として突破阻止任務につくときや、マジノ線間隙で作戦行動するときに、敵戦車に対して使用する。主砲塔の前方に配置しているため、後方射界に約100°の死角があった。8mmオチキス機関銃6挺が主・副砲を補完した。車体前部に二連装（射界30°）、両側面に各1挺（射界30°）、主・副砲塔に各1挺という配置である。装甲防護は、全周（前傾）平均100mm、最大120mmの厚さがあった。9名の乗員（シャール2Cよりも3名すくない）が武装、無線機、機関を操作する。出力各550hpの12気筒ルノーKGMガソリ

ンエンジン2基からアルストール電気駆動装置に動力を供給する。最高速度20km/hで連続走行しなければ、路上で200kmを走破できた。本車よりも小さいシャール2Cと同様に、鉄道輸送には専用の特殊台車が必要で、油圧ジャッキを使用して戦車の前後に装着する。鉄道の車両限界内におさめるため、全長に比して車体幅が狭い。

　もしもフランスが1940年のドイツ軍侵攻を食い止めて1914年のような戦線膠着がおきていたら、ドイツのティーガー重戦車登場よりも6カ月早く、翌1941年にFCM F1戦車が就役していたかもしれない。シャールB重戦車およびソミュア中戦車の性能向上型を併用し、皮肉にもフランス陸軍が1941〜42年当時世界最新鋭の戦車部隊を配置・運用していただろう。

War and the tank programs, 1939-45
大戦と超重戦車計画：1939〜45年

　1939年9月、第二次世界大戦の発端となったドイツのポーランド侵攻作戦を境に、10年にわたる試行期間が終わる。戦車、機械化歩兵、工兵、砲兵、自動車化兵站支援の諸兵科連合を戦術航空部隊で支援するドイツの様式が列強のあらたな標準となった。

　戦車は、発達して3種の進化形態に分化した。10t級軽戦車、25t級中戦車、50t級重戦車である。各国陸軍は、スペイン市民戦争のように対戦車砲が戦場を支配する将来戦を想定していたが、戦車の機動力、装甲、火力が1940年までに著しく進化したため、あらたなパラダイムが生まれる。1930年代の戦車が機関銃と軽砲で武装したのとは異なり、第二次大戦の戦車は口径152mmまでの主砲と多数の機関銃を持ち、火炎放射器やロケット発射機を搭載することさえあった。走行装置の性能向上とエンジンの改良・新設計により、30km/h以上での走行が可能になった。大戦末期には、装甲防護が通常弾の貫通力を上回り、撃破にはきわめて鈍重な対戦車砲を要した。戦車砲には同級の敵戦車の装甲を貫通する能力が求められ、直接火力支援（突撃砲、近接支援戦車）、対戦車（駆逐戦車）、偵察、工兵、戦車回収、対空の諸任務に特化した多様な車両が生まれた。

　特に重要な点は、戦車用兵思想が進化し、戦車だけでなく諸兵科連合の随伴機械化部隊、航空支援、および柔軟な指揮系統によって、突破口や敵弱点からの挺進・戦果拡張が可能になり、敵野戦軍を総崩れにする可能性さえ生まれたことだ。この機動戦の用兵思想は、ドイツ軍が1920年代に生みだしたもので、1930年代に進化した戦車と機械化車両を活用して短期で戦果を得ることを主眼としており、前時代の徒歩と馬匹で移動する陸軍には不可能な戦術だった。他国が電撃戦と呼んだこのドイツ式用兵思想は、敵がドイツの機動に即応するか、あるいは脆弱な兵站を攻撃するという対抗策をとりはじめた1941年まで奏功した。

TOG超重戦車

　第二次世界大戦劈頭、イギリス陸軍参謀本部は、1930年代の実験による理論の発

展を認めつつも、自国の戦車部隊の近代化が停滞していると認識していた。戦時生産体制が本格化する頃になっても、新生軍需省は新奇な設計や構想を求めることで、ドイツがポーランド侵攻で見せつけた優位に対抗しようとしていた。

　実は大戦勃発以前から、レズリー・ホア＝ベリシャ戦争担当閣内相がアルバート・スターン卿を招いて1918年以来の機甲戦の変容について話し合っていた。スターン卿は、前大戦において最初のイギリス戦車を開発した『陸上艦』計画の責任者である。イギリスがドイツに宣戦布告した2日後の1939年9月5日、ホア＝ベリシャは「特殊戦車を設計・建造する可能性をさぐるという提案」を歓迎するとスターン卿に伝えた。

　当時62歳で銀行家に戻っていたスターン卿は、かつての同僚との旧知を暖めて新設委員会への参加を求めた。建艦技術家ユースタス・ダインコート卿、陸軍少将アーネスト・スウィントン卿、技術者ウォルター・G・ウィルソン少佐、技術者でウィリアム・フォスター社会長のウィリアム・トリットン卿らが呼びかけに応じている。同社は、イギリス最初の戦車の原型「リトル・ウィリー」を製作した会社で、ウィルソンとトリットンが最初のマークI戦車の原型と量産型を設計し、1916年に初期の量産をおこなっている。

　フランス視察後の1939年10月12日、この一党は軍需省管轄下で特殊車両開発委員会（SVDC）として正式発足する。SVDCの成り立ちから、すぐに「昔馴染み＝The Old Gang, TOG」と自称するようになった。SVDCの目的は、1939年9月28日付け帝国参謀総本部仕様書「RBM 19」にもとづき、第一次大戦当時のフランスの戦場と同一環境で作戦行動できる「超重戦車（陸上戦艦）」を開発することだ。要求には、100mの距離から47㎜対戦車砲と105㎜榴弾砲の射撃に抗堪すること、2.13mの強化コンクリートを貫通する野戦砲1門、標準の2ポンド（弾丸重量によるイギリス軍の命名方式）戦車砲2門、機関銃4挺、および発煙弾発射器4基を備えること、時速8kmで80kmを走破できるディーゼルエンジン、4.88mの超壕能力、2.13mの超堤能力、接地圧0.35kg

A　**戦闘中のシャール2C、1940年**

　1939年9月、可動状態にあるシャール2C戦車8両が要塞地帯に待機し、ドイツ軍攻勢下にあるマジノ線間隙の防衛に備える一方で、もしポーランド軍が持久して反攻が必要になった場合にザール地方のジークフリート線を攻撃する機会も窺っていた。しかしエンジン故障と電気系統の劣化のため、作戦行動の大半に面倒な作業を要するありさまだった。1940年6月の戦闘で、総司令部は超重戦車を前線から後退させた。

　イラストは、第3軍が1940年6月14日に第51戦車大隊を実戦投入したという仮想戦闘だ。ゴンドルクール・ル・シャトー近傍で南方に退却するフランス騎兵戦車隊を目撃したフォルネ中佐は、乗用車を運転して指揮下の超重戦車6両を先導、先鋒の97号車「ノルマンディー」が樹林を突破して75㎜砲の射撃を開始すると脇にひかえた。97号車が敵のIII号戦車2両を撃破するとII号戦車は遮蔽を求めて退散、ほどなく後続の超重戦車5両も到着した。だが勝利は長く続かず、ドイツ空軍のJu87スツーカ急降下爆撃機の襲来により3両のシャール2Cが全損する。それでも乗員らは、ついに敵戦車数両を屠る機会を得て歓喜した。

　重量70tのシャール2Cには、12名の乗員が搭乗した。全長10.27m、全幅3m、全高3.8mで、4.25mの超壕能力、1.4mの渡渉能力、1.7mの超堤能力があった。最大作戦行動半径150kmで、最高速度12〜15km/hで自走できた。

　装甲は、前面45㎜、側面22㎜、上面13㎜、底面10㎜、前部砲塔35㎜、後部砲塔22㎜の厚さがあった。

フォスター社の工場で、卓越した超壕能力を見せるTOG1。側面のスポンソンを未装着の状態だ。当初は、2ポンド砲1門とベサ機関銃1挺ずつを左右に配置する計画だったが、のちに砲塔が追加されてスポンソンが不要になった。（写真提供：ボービントン戦車博物館）

/c㎡以下などの細目が定めてあった。

　SVDCは本領を発揮し、12月後半には暫定設計と木製モックアップを完成させた。動力性能の要求を満たすため、出力600bhp超のパックスマン・リカルド新型ディーゼルエンジンが必要で、これを新設計の電気駆動装置に接続する。この電気駆動装置だけで動力を伝え、減速ギアや機械式変速機を用いた設計で予見される問題を未然に排除していた。2種類の試作車が発注された。TOG1は、のちに油圧式懸架装置のTOG1A型に改造されている。2番目のTOG2は、履帯の大部分を車体側面装甲の内側に収めた。当初、覆帯には懸架装置がなく、ローラー上を動いた。この試作車2両は、設計変更にともなって後年に数回の改造を受けている。

　TOGの設計は、第一次大戦の西部戦線における陣地戦での戦車使用経験から、低接地圧、超堤・超壕能力、重装甲、強力な戦車砲の必要性を重視している。2.13m厚のコンクリート貫通という要求性能を満たす砲で戦車に適したものがなかったため、広く普及していたフランス製75㎜野戦砲を次善の策として採用し、車体前部に搭載す

TOG1は、車体砲郭内に収まる最大限の野戦砲を主武装にする予定だった。他に選択肢がないことから、フランスの75㎜野戦砲を採用した。この写真の撮影時にTOG1が実装していたのは、フランスのシャールB1重戦車の75㎜砲郭砲で、スターン卿がフランス視察から持ち帰って秘蔵していたものだった。（写真提供：ボービントン戦車博物館）

唯一のTOG2試作車で、最終設計の1段階手前の砲塔を搭載した状態。この砲塔は、本式の防盾に装着した3インチ20cwt対空砲と同軸機関銃、および照準潜望鏡を備えている。発煙弾用2インチ迫撃砲を上面左側に取付けることになっていた。まさに中東用の量産型TOG2Rに採用していたはずの形態だ。
(写真提供：ボービントン戦車博物館)

ることとした。2ポンド砲と機関銃用のスポンソンは、不格好すぎるという理由でのちに不採用になり、かわりにマチルダII戦車から流用した在来型砲塔を搭載し、車体両側面に機関銃を配置する設計に落着いた。

1940年10月の引渡しにむけてフォスター社が製作したTOG1は、重量が68tに達した。この時点で、装甲厚は全周3インチ（76.2㎜）だった。0.84m幅の覆帯を使用することにより、0.61kg/c㎡の接地圧を達成した。10.52mの全長と2.13mの覆帯上面高さのおかげで、4.5mの超壕能力と1.66mの超堤能力があった。全幅3.05mは、分解せずに鉄道輸送できる限界内だった。

1940年11月の試験で、電気駆動装置が過熱したうえに、車体や履帯の極端な縦横比のために操向が困難だという問題が顕在化する。変速機の発火をうけて、SVDCはTOG1を改造し、シンクレア油圧式変速機に換装することを決定した。改造後のTOG1Aは、走行性能が向上して1943年6月には11.14㎞/hを出したが、ファイナルドライブの強度不足のために、設計に対する不安が再浮上した。最後の走行となった1943年12月の試験で履帯ローラーの故障が発生、これによりエンジン運転通算271時間の走行試験が終わる。1944年8月21日、TOG1は100tトレーラーでチョーバムに移送された。1947年7月14日付の書類によると、エンジンとモーターを各種テストベッドの可変速度駆動に利用したという。

TOG2用として4種の砲塔が開発された。3インチ対空砲搭載型を皮切りに、最終型では17ポンド（76.2㎜）1門に加えて同軸のベサ機関銃2挺を備えていた。射界は俯角-10°、仰角+20°である。発煙弾用2インチ迫撃砲1門を主砲基部の左側に装着してある。超重戦車とはいえ、17ポンド砲を使い回すには、やや非力だったようだ。勾配11°の斜面上では、手動でも電動でも砲塔の旋回ができなかった。3インチ砲弾85～100発、7.79㎜ベサ銃弾4,800発、2インチ発煙弾30発を携行した。

SVDCは、枢軸国地上部隊に対する即戦力としてTOG2を量産することを計画していた。TOG2Rという制式呼称の量産型は、重量が61.7tあった。1941年11月26日付けの文書に、TOG2R用エアフィルターの費用概算の記述がある。中東で戦車や装甲車に使用実績のある機器を採用していた。

これはボービントンのTOG2*原型で、覆帯上部を下降させた独特の形状がわかる。前部誘導輪から斜め下に覆帯を導き砲塔床板の下を通して防護を強化している。向かって右側、上の方のリベット列に沿って覆帯が走り、水平区間に向かう。（写真：著者撮影）

　1941年6月13日、スターンは陸軍戦車審議会に『重戦車に関する意見書』を提出し、将来戦にむけての準備が不適切だと批判した。陸軍は、歩兵戦車と巡航戦車の追加発注をつづけていた。はやくも1940年4月に、スターンはチャーチル首相にむけて、1941年の戦闘に時代遅れの戦車しかなくなると警告している。いまや6ポンド（57mm）砲を搭載できる戦車が皆無という現状だった。SVDCが6ポンド戦車砲の採用を提唱しつづけてきたのに対し、1940年7月、参謀本部が異を唱えた。6ポンド戦車砲を発注しても、搭載できる戦車がないのだ。SVDCが開発したTOG2は、重量が62〜80tで、あらゆる現用戦車よりも重厚な装甲を持ち、6ポンド砲の2倍の大きさの高初速砲（海軍12ポンド［76.2mm］砲または3インチ砲）を搭載する。緊急生産を念頭に特別設計してあり、1942年の戦役までに最低でも50両、あわよくば100両のTOG2を完成させることを目論んでいた。

ボービントンのTOG2*の車体後部の写真で、巨大な機関室が写っている。ディーゼル・電気式の動力系を収めるために必要だった。冷却と排気用の開口部（手前）を頑丈な鉄格子で覆ってある。（写真：著者撮影）

操縦席とガランとした銃手席の写真から、TOG2の異様に広い内部空間がわかる。まるで潜水艦内のようだ。左手の砲塔バスケットは17ポンド砲用の大型のもので、ボービントンで展示中のTOG2*の写真である。この砲塔は勾配11°以上の斜面上では旋回できなかった。
（写真：著者撮影）

　しかし採用のためには、第一関門の領収試験に合格しなければならない。1941年7月2日、ファーンボロで試験が始まる。TOG2は、500マイル信頼性試験以外の全試験の準備が整っていた。予備走行と展示走行で覆帯の不具合が生じたため、500マイル信頼性試験は見合わせることになった。この試作車は重量51tで、木製砲塔を搭載していた。試験の比較車輌は、バレンタイン歩兵戦車とマチルダMk II歩兵戦車である。
　TOG2は深夜に搬入され、試験場まで自走して給油をうけた。午後に戦車審議会が到着して、試験が始まる。TOG2は、バレンタインやマチルダが超えられなかった2種の歩兵壕を乗り超えた。複数の散兵壕を組合わせたものと、3.66m幅の塹壕である。ついで、ドイツ上陸に備えて英本土に設置したのと同型の戦車障害を「難なく」通過した。不整地上の半マイル（約800m）コースで障害競争が始まる。対抗する歩兵戦

TOG2*は、1943年4月にトーションバー式懸架装置に換装した。最初から適切な懸架装置を設計しておかなかったという失策のため、試験中に振動で部品故障が頻発し、TOGの戦力化が無理なことが明白になった。
（写真：著者撮影）

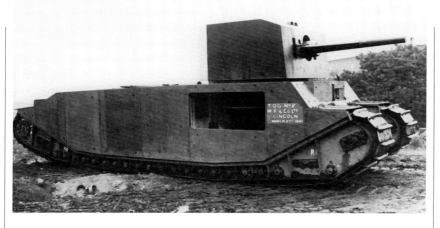

フォスター社が納車した状態のTOG2で、側板のリベット列から覆帯上部の位置がわかる。側面前部に見えるのが誘導輪の覆帯張力調整リンク、開口部は不採用になった火器スポンソン用のものだ。スポンソンよりも後方の車体長から、機関室に要した空間の大きさがわかる。
（写真提供：ボービントン戦車博物館）

車2両は1分30秒と1分45秒、TOG2は2分で走破した。その後、2両の歩兵戦車は塹壕で立往生し、バレンタインはスリップをおこしてしまう。TOG2は完走したのち、他の戦車ならスリップをおこすような鉄条網を突破した。

TOG2とマチルダIIは、2マイル（約3.2km）不整地コースを首尾よく完走する。ただしTOG2は、40℃に達した電動機を冷却するために30分の休止を要した。翌日は、登坂試験と舗装路上全速走行試験をうけた。つづく降坂試験中にブレーキ故障が発生、TOG2の車速が24km/hに達した。煙がくすぶる機関室を点検した整備員は、電動機が爆発して損傷が著しいことを発見する。試験を中止し、後日あらたな制動装置をTOG2R用に設計した。

1942年1月1日、ふたたび野外試験をファーンボロでおこない、TOG2RをマチルダIIおよび新鋭チャーチル（A22）戦車と比較した。3形式が全般に良好な成績をおさめるなかで、TOG2Rは超壕性能以外の全項目で比較車両に劣後した。時代の進歩がTOG2Rに追いつき、最新型の操向・制動・動力伝達・油圧装置が実用化されたことで、重くて取扱が煩雑なTOGのディーゼル・電気駆動方式の存在意義が問われた。ロールスロイス・ミーティア戦車エンジンの出現が追い打ちをかける。出力重量比でパックスマン・リカルド・ディーゼルエンジンの性能をはるかに凌駕したのだ。

1943年4月23日、チャーチル首相は、200両（可能ならば400両）のチャーチル戦車に最強の装甲を装着し、うち最低100両の生産を前倒しにする緊急施策を指示する。同時にチャーチルは、60t、70t、または80t級重戦車の実験開発にも言及し、「スターン戦車」の現状報告を求めた。戦車審議会は5月3日、チャーチル戦車の進捗に比較してスターン戦車に何ら得られるものがないと断定、技術発展に資するような新超重戦車の研究を具申する。ほとんど無傷で鹵獲したティーガー戦車がシチリア島から

TOG2の初期型砲塔は、3インチ砲1門とベサ機関銃2挺を搭載した。この写真から車体の縦横比が把握できる。軟弱地や泥濘地での試験で、この縦横比に起因する操向性不良が顕在化した。鉄道輸送の車両限界にあわせた縦横比のため、ほとんどの通常型超重戦車が同様の問題を抱えつづけた。
（写真提供：ボービントン戦車博物館）

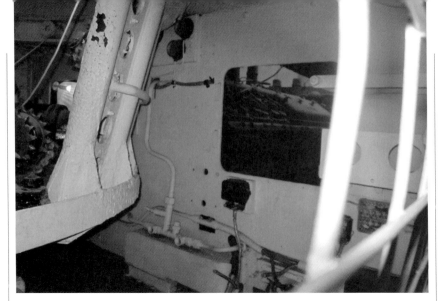

砲塔バスケット後方に戦闘室を機関室から区切る防火壁があり、開口部からバックスマン・リカルド・ディーゼルエンジンが見える。未完成におわった発展型のTOG2Aでは、発電機をエンジンの両側に配置することで機関室の2フィート（約61㎝）短縮をはかっていた。（写真：著者撮影）

　数カ月後に到着し、ドイツ最新技術の精査が可能になったことも、TOG系列にとって不運な展開だった。調査報告書はティーガーを、流体動力伝達機構、油圧カップリング、および油圧「舵取り」装置をそなえた58t戦車と記述している。変速は、手動によるプリセレクト制御式だった。

　1944年5月におこなったTOG2*（ティーオージー・トゥー・スターと読む）の最終試験結果にもとづき、戦車設計部がTOG2計画の中止を正式に決定した。TOG2*は、主砲を17ポンド・カノン砲に強化し、トーションバー式懸架装置を装備した80t級の能力向上型だった。1941年から設計の弱点であった操向性不良が中止の理由だ。TOG2*は1943年6月2日にチョーバムに移送された。今日この試作車は、ボービントンの戦車博物館で展示中である。

　歳月を経て、TOGにふさわしい墓碑銘をヴァーノン・クレアが記している。クレアは、1932年から1960年代中頃までイギリスの戦車開発にたずさわった専門家だ。いわく、「TOG戦車の製作が許されたのは異例の措置で、チャーチルがいかに第一次大戦時の盟友の説得に弱かったかを物語っている。既存の戦車設計開発組織との連携なしに設計・製作したため、第二次大戦の状況での実用性を欠いていた。TOGは、資金、時間、労力の完全な浪費で、このようなことが許されたことに今でも驚きを禁じ得ない。」

KV-4超重戦車計画

　赤軍の設計局は、超重戦車のカテゴリーにせまる重戦車の研究を大戦間に何度かおこなったが、用兵論上の突破戦車のほかに使用する意義を見出せなかった。大戦勃発後のソ連の重戦車開発は、設計に問題点があったものの、おおむね突破戦車の機能を実現させている。独ソ戦の初期がソ連の存亡をかけた決戦であったため、軍需産業はほとんど優先度を選択する余地もなく、必要最低限の能力向上を施しただけで既存設計の軽戦車、中戦車、および重戦車の生産極大化をはかった。

　とはいえ超重戦車の戦時計画もいくつか存在した。これは主として1939～40年のフィンランド侵攻「冬戦争」の戦訓にもとづくもので、物量と装備で劣るフィンランド軍の抵抗を制圧するのに難渋したことが背景にある。特にマンネルヘイム線で遭遇したような強化バンカーを破壊できる重砲戦車をキリル・メレツコフ将軍が要求したことに呼応して、戦役後に複数の計画がはじまり、152㎜榴弾砲搭載のKV-2砲戦車と

して結実する。152mm砲の武骨な砲塔は、ただでさえ問題を抱えていたKV-1重戦車の設計に、一層の過負荷をかけた。ヨシーフ・コティン率いる設計班は、改善策を模索するうちに、さらに大型の重戦車と超重戦車の設計に解答を見出す。KV-3、-4、-5系列の開発が始まった。KV-3はKV-1重戦車の拡大版で、KV-4と-5は超重戦車である。しかし赤軍の砲兵総監グリゴリー・クリーク元帥の余計な介入で、計画に混乱が生じる。クリークは異常に無能な指揮官で、過去にしばしば戦局判断を誤っており、現用戦車砲がすぐにドイツに凌駕されてしまうという妄想にとらわれて85mm戦車砲などの計画を中止し、ZiS-6 107mm（F-42）砲の開発を強硬に推進した。このZiS-6は、独ソ戦が始まった時には未完成だった。

　コティン配下のキーロフ工場（レニングラード）は重・超重戦車の開発を続け、かろうじてKV-3原型の車体を完成させたものの、レニングラード包囲戦の苦境のためKV-4・KV-5超重戦車の製作を進められなかった。それでもコティンは、22名もの設計技師からKV-4重戦車の構想と図面案を集めている。KV-4は、現用ドイツ戦車や導入の可能性がある後継型の全型式を撃破できる突破戦車として構想された。多様な設計案において、重量は86tから108tにわたり、装甲は側面で125mm、車体前面で130mmの厚さがあった。すべての設計案が107mm主砲を採用、また唯一の例外を除いて45〜76mmの対戦車砲を副砲にし、さらに2挺から4挺の機関銃で守りを固めていた。全設計案が定格出力1,200hpの航空機用M-40ディーゼルエンジンを採用し、設計速度は35〜50km/hである。107mmのZiS-6砲は、115mm厚の装甲板（30°傾斜）を1,000mの距離から貫通するはずだった。だがキーロフ工場は、1941年秋に操業を大幅に縮小しなければならなかった。

　結局、クリークの命令で生産したZiS-6砲600門のうち戦車に搭載できたのは、KV-2定地試験用の1門だけで、搭載可能な戦車がなかったため、残りはすべて廃棄された。コティンのレニングラード工場の操業低下にともなってソ連の超重戦車計画は棚上げ

B イギリスのTOG2R

　このTOG2Rは、もしも西部砂漠の第8軍に配備されていたらという仮想の塗装をしている。M4中戦車の米国からの供給が遅延していたら、TOG2は弱点があったものの、1942年の北アフリカ戦役の重要な局面で第8軍に強力な火力と堅牢な装甲防御を提供できていただろう。計画されていた量産型TOG2Rは、このイラストのように1942年後半に第23装甲旅団第50王立戦車連隊に配備されていたかもしれない。重量62t、車体装甲厚75mmで3インチ砲（砲弾85〜100発搭載）とベサ同軸機関銃を装甲厚75mmの砲塔に収容、全周を9.5mmの外殻で防御し、天板は38.1mmの厚さがあった。電気駆動により直径1.68mの砲塔リング上を旋回し、-10°／+20°の俯仰が可能だった。上部のペリスコープ照準器の左側に発煙弾用2インチ迫撃砲（30発）を装備し、車長のキューポラはA22チャーチル戦車のものを流用していた。

TOG2 諸元

寸法：車体長9.53m、全幅2.97m、車体上面高さ2.13m、砲塔上面高さ3.35m、最低地上高0.5m
履帯：覆帯幅0.76m、無沈下状態での接地長3.2m
性能：登坂35°、超堤1.5m、超壕3.96m、最高速度14.5km/h
走行距離：燃料757リットルを使用して160km
転回性能：全速走行時の回転半径9.1m、ただし半速で信地旋回可能
乗員：6名（車長、砲手、装填手、操縦手、機銃手、装填手補兼通信手）

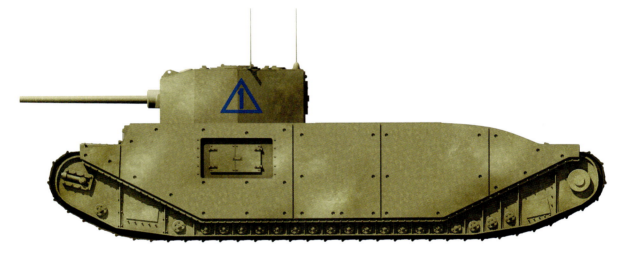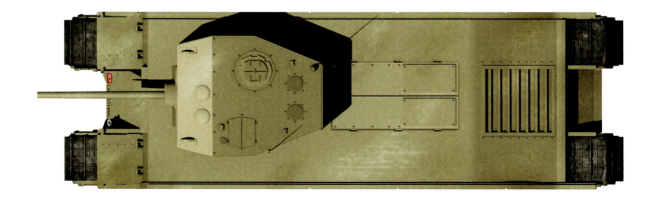

された。ウラルに疎開した戦車工場は、当地で新設された工場とともにT-34中戦車、ついでIS系列の重戦車の生産に集中する。こうして大量生産した戦車の大群は、ソ連がドイツを破る切り札となった。

ドイツの超重戦車

　イギリス陸軍やソ連陸軍とことなり、ドイツ陸軍は第二次世界大戦劈頭から寸法、装甲、火力で優る敵戦車に対抗していた。ドイツ戦車部隊は、ほとんど技術上の問題なくポーランド戦役を乗り切ったが、フランス侵攻戦では、ドイツ戦車の装甲を容易に貫通できる47mm高初速砲を搭載したシャールBやソミュアなど、格上の重戦車や中戦車と戦わなければならなかった。フランス歩兵は、おなじく口径47mmの対戦車砲を使用し、また75mm野戦砲の一部を対戦車砲に転用して前線部隊を増強支援している。独ソ戦で、さらに強力な敵が出現する。ドイツ軍は、KV-1重戦車とT-34中戦車に対して、当初88mm対空砲を転用する以外に対抗手段がなく、のちに標準装備の50mm戦車砲と対戦車砲の弾薬を改良した。

　戦前の突破戦車の要求に対し、ようやくヘンシェル製作所が62tの重戦車、VI号戦車「ティーガー」を開発し、1942年8月に量産開始した。最初の実戦投入は、同年9月下旬のレニングラード包囲戦である。ソ連戦車へのドイツの本格対応は、75mm対戦車砲の配備と、ほぼ50t級の中戦車、V号戦車「パンター」の緊急設計・生産だった。パンターは1943年5月に就役している。

　独ソ戦が残した影響で、より強力な戦車を双方が相次いで導入した。この余波が技術面にも及んで、砲と装甲の開発競争が始まり、ある意味で大戦後も続いた。ソ連は、大量生産の要求を優先して新規開発を抑制したことから、T-34を85mm砲に武装強化し、KV系戦車を122m砲搭載のIS系重戦車で更新した。これ以外の開発は大戦終結まで待たねばならず、当面は超重戦車計画を放棄した。

　一方ドイツは、大量生産よりも技術の質と優位性を重視した。ドイツの軍需産業が大量生産にあまり適しておらず、国家体制も同様だったという見解もある。ティーガーおよびパンター系列の戦車で得た優位に飽き足らず、陸軍上層部と総統アドルフ・ヒトラー自身が、従来の戦車よりも大型で強力な戦車の開発を推進した。

マウス試作車2両の車体は、特別設計した全長27mの14軸重量運搬低床貨車でベーブリンゲンの試験場に搬送された。
（写真：著者所蔵）

試験を開始したマウス試作1号車で、砲塔の重量を擬した仮設上部構造物を搭載している。この試作車は、戦後ソ連が接収してクビンカ戦車博物館に移送した。
（写真：著者所蔵）

マウス

　この計画は、ドイツの戦車設計・生産に対する民間業者や党首脳の影響力増大を如実に示している。新興勢力は、陸軍内局と軍需産業が築いてきた旧来の軍産複合体と正面から衝突した。ドイツ軍がモスクワに迫りつつあった1941年11月1日、ドイツ陸軍内局は、ロシア方面の戦況を鑑みて70t級の将来超重戦車の開発を決定する。陸軍は、パンター戦車の競作で敗れたクルップを指名、重量90tを上限として新戦車の開発を示唆した。1942年2月、赤軍の反攻で戦局が悪化するなか、陸軍はクルップにVK 7001試作車2両を発注する。VK 7001は72tの超重戦車で、800hpのマイバッハHL230エンジン、ティーガー戦車と同等の駆動系と装甲、70口径長砲身105㎜砲1門を持つ設計だった。陸軍は、試作車の引渡し後ただちに量産に移行することを企図していた。4月に、この計画はVII号戦車レーヴェ（ライオン）と命名された。

　ヒトラーは、すぐに本計画に興味を示し、3月5日と6日のアルベルト・シュペーア軍需相との会議において、クルップが100t級戦車を開発して1943年春までに試験可能にすることを命じた。クルップ設計陣は、4月に90t級の設計に着手した。しかしその頃ヒトラーは、より大型のソ連戦車が今にも出現すると懸念し、100〜120t級のドイツ戦車で対抗すべきだと考えていた。すでに3月にポルシェが陸軍から100t戦車を受注しており、105㎜砲または新型150㎜砲を搭載するポルシェ100t戦車の設計図を6月下旬にヒトラーが承認した。

　クルップは砲塔の製造を分担することになり、7月17日に契約を授与された。さきに陸軍が発注していたレーヴェ戦車は、5月18日（車体）と7月20日（砲塔）に契約

ポルシェ博士（写真手前の後姿）が見守るなか、駐車場に戻ってきたマウス試作1号車。本形式の縦横比がよくわかる。報告書によると、泥濘地や軟弱地での操向が困難だったという。
（写真：著者所蔵）

解除になっている。もともとポルシェとクルップは、150mm砲と75mm砲の両方を搭載する、より大型で重い150〜170t級戦車の契約獲得にむけて競合していた。この頃には、超重戦車の運用構想が旧来の突破戦車任務に戻っており、常時変化する戦場で敵戦車と対決するという概念にかわって、より低速の歩兵直協任務が再浮上した。のちに形勢が逆転してドイツ本土防衛戦に推移したとき、機動戦の流動する戦闘様相に否応なく直面することになる。

　クルップが受注した契約は大型のVIII号戦車マウスの砲塔製造だったが、陸軍調達局は、ティーガー戦車の部品を最大限に利用できる、やや小型の砲塔の設計作業を続けるよう要請する。ティーガーの最終設計でポルシェ博士が難渋しているのを鑑みての措置だった。この動きはまた、企業家と党首脳が調達過程に干渉することに対する陸軍内局の不満も反映している。クルップは、のちにE-100戦車となる計画の正式承

C

1　イギリスのTOG1

TOG1は試作車1両が製作された。以下の諸元は、取扱説明書原稿（ボービントン戦車博物館図書室所蔵）に記載のもの：

砲塔：2ポンド（40mm）砲1門、ベサ機関銃1挺
スポンソン：左右にベサ機関銃各2挺（スポンソン格納所要時間30分）
車体前部：75mm砲1門、ベサ機関銃1挺
乗員：8名（スポンソン装着時）
動力：パックスマン・リカルド12VTP水冷V型12気筒ディーゼルエンジン、定格出力1,500rpmで550bhp、
　　　　電気駆動装置、発電機2基、イングリッシュ・エレクトリック電動機2台
行動半径：燃料757リットルを使用して96.5km、エアブレーキ、水平地の速度：11〜13km/h
寸法：全長10.5m、車体上面高さ2.13m、砲塔上面高さ3.23m、スポンソン展伸時全幅4.72m、スポン
　　　　ソン格納時全幅3.05m
重量：68t
機動性：登坂40°を1.6km/hで5分間、超堤1.68m、超壕4.6m、横方向に40°の傾斜まで横転せず
履帯：左右各92枚、ピッチ241mm、突起62mm、結合ピン32mm、履帯とピン1組の重量45.8kg
接地圧：硬路面で1.46kg/cm²、土中305mm沈下時で0.61kg/cm²

特殊車両開発委員会の最終案では、ロールスロイス・ミーティアエンジンを採用していたかもしれないが、電気駆動装置を残していただろう。このような重戦車には電気駆動装置が必須だと委員会が考えていた。

2　ソ連のKV-4

KV-4は設計段階から進展しなかった。コティン設計局によるKV-4設計案の大半が主砲と副砲に砲塔2基を要求していたが、1942年には多砲塔戦車の是非を問う論議が起きていた。戦時の生産効率の見地から、このイラストは、コティンがN・ツェイツによる単砲塔案をKV-4原型に採用しただろうと仮想している。さらには、コティンが同案の円筒型砲塔を不採用にし、かわりにKV-3の砲塔を改造して経済性を追求したと想定している。要目は以下のとおり：

寸法：全長8.35m、全幅4.03m、全高3.62m、最低地上高0.55m、履帯接地長6.05m
戦闘重量：90t
乗員：6名
装甲厚：車体前面130mm、側面125mm、後面125mm、砲塔140mm
武装：107mm主砲1門、7.62mm DT機関銃2挺

計画を中止しなければ、試作車が1942年に完成していたかもしれない。工場で保管されるか、あるいはレニングラード防衛戦に投入されていただろう。

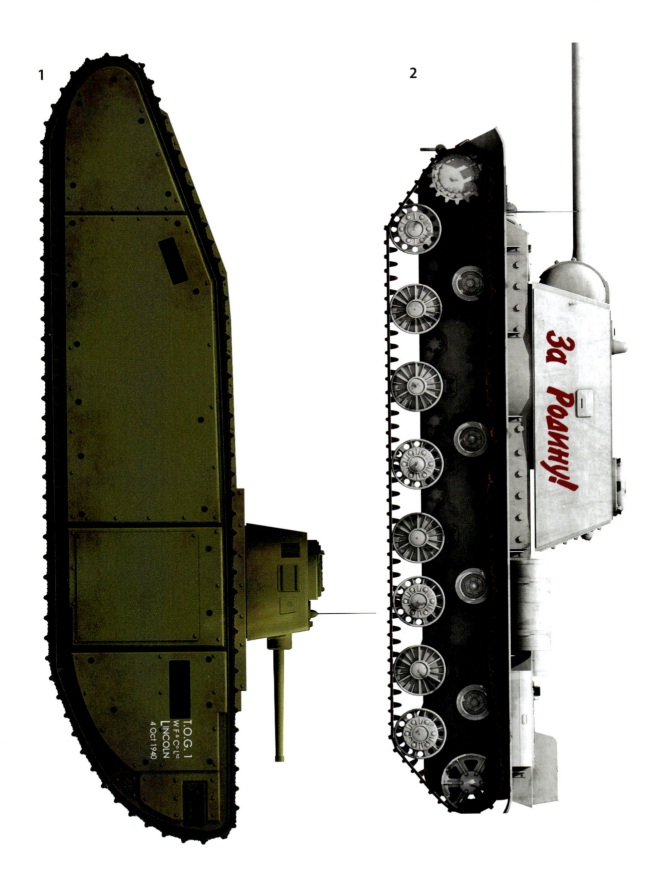

マウス1号車を正面から見た写真で、強固な前面防護の様子がわかる。装甲厚は、車体上部が傾斜55°で200mm、車体下部中央が35°で200mm、覆帯カバーが10°で100mmである。砲塔正面は、220mmの曲板と砲身基部を丸めた250mm防盾とで構成するはずだった。
（写真：著者所蔵）

認を1942年11月10日に受けた。同年11月17日、ポルシェ博士が自社の170t戦車の設計図を発表する。砲塔を車両後部に搭載し、前部に機関室を設けて砲塔下の発電機に接続、後部に電気駆動装置を配置するという設計だった。懸架装置と覆帯のほとんどを重装甲で覆っている。

　ヒトラーは、1943年1月3日から5日の会議でポルシェ・マウス戦車の生産を決裁、アルケット社の工場が月産10両の生産率で総計6両の原型と135両の量産型を生産するよう命じた。128mm主砲の採用を決定したほか、将来の検討用として150mm砲搭載の砲塔1基も別途発注、クルップが製造する砲塔が128mmと150mmの両方に対応できるよう命じている。（この措置は、1944年6月に陸軍が解除した。）迷走気味の新技術に執着するヒトラーは、ティーガーやパンターなど1943年時点での現有戦車が優位を保てるのは1年だけで、よって1944年にはマウスとティーガーB型〔連合軍通称キングタイガー〕が必要になるとの自説を曲げなかった。

　設計陣の努力の結果、1943年3月13日に実物大木製モックアップをヒトラーの閲覧に供するに至った。1943年5月までに1号車を完成させるよう以前に命じられていたことから、この3月の総統閲覧をもって事実上の設計凍結となっていてもおかしくない。だが開発日程に無理があることが判明したため、1月の時点で1号車の納期が1943年9月まで延期になっており、あわせて同年末までにさらに4両を引渡す旨の指示があった。計画生産率は、月産10両で変わっていない。

　エッセンにあるクルップの工場は、二度の災難に見舞われた。1943年3月5日から6日にかけての空襲でマウス砲塔の工程表と図面が失われ、製造用の木製モックアップ1体が焼失する。最初の砲塔の引渡しが、10月中旬から少なくとも2カ月遅れることになった。装甲車体組立ラインは、被害を受けていない。しかし8月上旬の二度目の空襲で、計画が事実上壊滅する。最初の車体10両は難をのがれたものの、完成までの所要日数がふえた。うち2両は、工場から瓦礫を除去すればアルケット社に移送可能な状態で、さらに30両分の装甲板が残存していた。しかし砲塔の状況は深刻で、

試験場での写真で、手前のKV-1が遠くのマウスよりも大きく見える。マウスの側面装甲は、前面と同様に強固なもので、覆帯奥の車体側面80mmとスカート100mmとを合わせて180mmの厚さがあった。砲塔側面は、傾斜30°で200mmの装甲厚だ。
（写真：著者所蔵）

構成品の損壊のため最初の砲塔の完成が12月にずれこみ、2号以降については、構成品を確保するとともに、被災した装甲加工施設を復旧するまで、生産再開の見通しが立たなかった。のちの見直しで、車体と砲塔の生産がさらに7カ月から8カ月遅延することが判明する。

この状況に対して、他形式の生産継続に集中するため、陸軍は10月27日付でマウスの生産中止を決定する。マウスの砲塔1基と車体2両は、完成させたのちアルケット社に移送することになった。この顛末は、戦略爆撃による装甲車両生産施設の破壊として史上唯一の事例である。11月12日の作業場閉鎖までに、全契約が解除あるいは変更された。軍需産業首脳が生産再開を打診していたが、陸軍は1944年7月27日、作業場に残存していた車体4両をクルップが廃棄することを許可した。継続中の生産を阻害しないようにするのが目的だった。

さてクルップは1943年9月26日、マウスの第1号車体をアルケット社に移送した。アルケットは、同社の懸架装置を取付けたのち、1944年1月10日に車体をベーブリンゲンでの試験に移送している。他型式生産用の空間を確保するため、アルケットは第2号車体用に保管していた同社部品も3月7日にベーブリンゲンに転送し、当地で組立てることとしている。唯一のマウス砲塔は、1944年5月3日にベーブリンゲンに到着、6月に第2号車体に搭載された。

第1号マウス車体は、砲塔の重量と寸法を擬した仮設上部構造を搭載してベーブリンゲンで走行試験をおこなっている。1月14日、車体だけが鉄道の終点から駐車場までの5kmを難なく自走した。翌日、仮設上部構造を載せた車体は、粘性土で0.5m沈下したものの、不整地2kmを走破した。その後の試験で、前進時の最小回転半径が14.5mであることを確認している。電気駆動装置により、信地旋回も可能だった。同車は1mの渡渉試験と45%坂路の登坂試験にも合格した。

3月20日に第2号車体がアルケットから到着し、駐車場で最終組立をおこなった。砲塔は、5月4日にクルップから到着して6月8日に搭載された。勾配10°の斜面上で手動変速を試みたところ、30kgの力を要した。パワーステアリングはまだ使用できず、のちに7月上旬の運転試験で故障している。燃料消費率が10kmあたり350リットルと悪いのは、エンジンの欠陥が多少影響していたのかもしれない。平滑な覆板が実用に適さないと判断されたため、突起つき覆板に交換することになった。駐車場で覆板を交換するのに、6人がかりで8時間を要している。原型2号車を得たことで、一方の原型から渡渉中のもう一両に電線で動力を供給する試験が可能になり、成功裡におわった。1944年11月19日、クルップは陸軍調達局の命令を受けて同社作業員をエッセンに帰し、マウス開発を終止させた。

1944年7月21日をもって重砲搭載戦車の開発をすべて中止するよう、すでにヒトラーが命令していたが、軍需産業は急停止せず惰性で動いた。マウスの原型2両は1944年末にクンマースドルフ試験場に移送され、可動状態にないまま1945年を迎える。砲塔搭載の原型2号車は、赤軍がクンマースドルフに迫った際に守備隊が破壊した。

〔左下〕
やれやれ：迷彩塗装をした原型1号車が、乗員の気づかなかった沼地に足をとられてしまう。後方の泥を掘り捨て、覆帯の下に木材を差し入れて、ようやく自力脱出できた。濁流も迂回させたようだ。装甲は、後部が30°で150mm、砲塔が15°で200mmの厚さがあった。
（写真：著者所蔵）

〔右下〕
操縦席に立つポルシェ博士。マウス計画の中止後も博士は執拗に計画復活を画策し、生産を再開して運転試験を加速する命令を出すよう、ヒトラー説得を1944年3月に試みたようだ。博士は能力向上型マウスIIの砲塔まで提案しており、同月下旬にはクルップ社が図面を作成して博士の機嫌をとった。
（写真：著者所蔵）

マウス増産の可能性は、連合軍のノルマンディー上陸で雲散霧消した。事実上の可動不能状態にある原型2号車と唯一の完成砲塔は、赤軍がクンマースドルフに迫った1945年4月に破壊された。この砲塔は、現在クビンカ博物館で1号車体の上に鎮座している。
（写真：著者所蔵）

マウスを実戦で使用したという記録は残っていない。ソ連軍は原型1号車を鹵獲し、別途完成していた砲塔を載せて試験に供した。現在この車両は、クビンカ戦車博物館で展示されている。

D

1　フランスのFCM F1

FCM F1は、フランス軍の20年にわたる要塞戦車運用経験を反映していた。例によって鉄道輸送の車両限界のため、全体の大きさに比して前後に長く横幅の狭い車体になっている。このため設計の選択肢が限られ、操向や回転半径の設計で縦横比が難題になった。1919年のシャール2Cと同様に、この要塞戦車も鉄道輸送に専用台車を使用した。

諸元

寸法：重量139t、全長10.53m、全幅3.10m、全高4.21m（車体上面高さ3.74m）、最低地上高0.45m

機動性：渡渉水深2.33m、超堤能力1.3m、超壕能力4.5m

行動半径：路上で200km

フランスが継戦していたら、本車の発展型において150〜200kgの炸薬を充填した榴弾で堅固なコンクリート要塞を破壊する主砲を開発していたかもしれないが、そのような砲はまだ存在しなかった。要塞戦車審議会は、移行暫定型であるF1の実戦配備後に、次世代135〜155mm砲が必要になると考えていた。

2　ドイツのマウス

マウスは、操縦手と通信手が他の乗員と離れて車体前部に着席し、頭上のハッチから出入りする設計だった。75mm副砲は、もともと戦前の24口径短砲身を使用することになっていたが、車体上部のエンジン吸気口に装薬排煙が流入しないよう、36口径に砲身を延長している。

諸元

寸法：車体長9.02m、主砲を前方に向けた状態で全長10.085m、全幅3.67m、砲塔上面高さ3.63m、最低地上高0.57m、主砲は砲身中心線で地上高2.774m

重量：88t（計画）

乗員：6名

武装：55口径128mm主砲、36口径75mm副砲、7.92mm MG34機関銃（俯仰角-7°〜+23°）1挺

砲弾：128mm 55発、75mm 200発

性能：最高速度20km/h、行動半径（路上）160km、渡渉水深2.0m（潜水キット使用で6.0m）、超堤能力0.75m、超壕能力3.48m

動力：暫定型ダイムラー・ベンツMB 509 V型12気筒ガソリンエンジン、2,500rpmで出力1,540hp、発電機2基、後部のスプロケット起動輪に電動機左右各1台

走行装置：片側に6組の走行輪、コイルスプリング懸架装置、覆帯幅1.1m

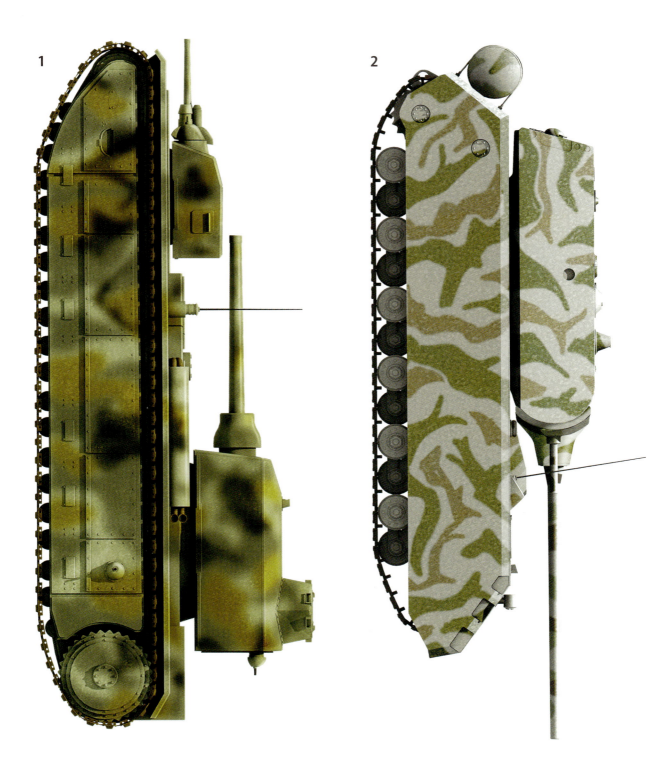

E-100

　マウスの項で書いたように、陸軍はクルップにマウス計画に競合する対抗案の作成を奨励していた。ティーガー戦車の構成品を最大限に活用することで、軽量化と信頼性・性能向上をはかるのが狙いだった。陸軍は、最終選考でポルシェ案を唯一のマウス計画として採用したが、クルップ案をE-100計画として発展させる措置を講じる。陸軍調達局が起案したエントヴィックルング（Entwicklung＝開発）車輌系列は、数段階の重量等級からなる戦闘車輌群の部品標準化により、総合経済施策として設計共通性を追求するという体裁をとっていた。内実は、陸軍の計画に依拠しない設計も多く、むしろ陸軍に不要な新計画を企業家がヒトラーほか党首脳との人脈を通じて推進する動きを牽制する意図があった。同時にE車両系列は、車輌の大型化を費用・重量・輸送負荷の観点から抑制する必要性も示していた。携行砲弾の寸法と本数が増大の一途をたどるなか、車内空間の使用を抑えた新設計が生まれ、トーションバー式懸架装置にかえて車外装着式を採用する、エンジンと駆動装置をすべて車体後部に配置することで、操縦室を貫く伝動軸をなくすなどの工夫が盛りこまれている。ただし最大の重量等級であるE-100だけは、動力系を後部に配置できず、後置パワーパックが将来の設計課題となった。

　クルップ版マウスの設計をE-100計画の基礎に取入れたものの、陸軍調達局は、クルップに生産余力がないと見ていた。そこでフランクフルトのアドラー自動車製作所を主契約社に指名、1943年6月30日から陸軍兵器局と協同で試作設計にあたらせることにした。この設計にもとづいて、パーダーボルンのゼンネラーガー陸軍基地でアドラー社が組立をおこなうことになっている。計画の進捗は緩慢で、E系列の優先度を如実に示していた。1944年1月15日付の陸軍報告書によると、パーダーボルンでの車

1945年4月初旬にゼンネラーガーでアメリカ兵が発見したE-100車体を、イギリス兵が本国に移送する準備をしている。懸架装置の弛みから、コイルスプリングが未装着であることがわかる。クルップから砲塔の供給がないまま、1945年に計画中止になったのだろうか。完成していたら、武装はマウスと同等で、128mm 55口径主砲、75mm 36口径または24口径副砲、7.92mm MG34機関銃1挺（砲塔俯仰-7°から+20°）のはずだった。携行弾数は未定である。装甲は、マウスの水準よりも若干薄く、車体前面上部が60°で200mm、おなじく下部が50°で150mm、側面が垂直で120mm、後部が30°で150mm、上面が40mm、底面前部が80mm、同後部が40mmだった。多様な砲塔構成案のなかから、マウスと同様の構成に決まっていたかもしれない。
（写真：著者所蔵）

体組立がほぼ完了していたが、部品の未着や誤送による作業遅延のため、事実上の操業停止状態にあったという。この時点で組立に従事していたアドラー社作業員は、わずか3名しかいない。特に懸架装置用の皿ばね、戦闘覆帯（1m幅）、燃料管、変速機カバーの未着が深刻で、懸架装置と操縦席電気系統のどちらも完成させることができなかった。

より高性能のエンジンがなかったため、やむをえず暫定策としてマイバッハHL230を採用した。さらに深刻なのが砲塔の欠如で、陸軍の報告書にも記述がない。クルップは、前年のマウス計画用よりも軽量化した砲塔をE-100用として1944年5月までに設計することになっていた。やや薄い装甲板を使用して砲塔前面を傾斜させ、128㎜砲の上方に75㎜砲を据えるという、きわめて特異な配置だった。

アドラー製作所の技術担当役員で製造技師長のカール・イェンシュケ博士は、陸軍が受理したE-100の設計を時代遅れだと評価した。鉄道輸送するためには足回りの装甲、外側の転輪および起動輪と誘導輪のリングを取外したうえで輸送用履帯をはかせる必要があったと、戦後の証言で述べている。150㎜または170㎜砲による重武装案は、砲塔内部の空間に装填機構が収まらないため、突撃砲の派生型だけが実現可能だと見ていた。クルップが砲塔を製造することになっていたが、遅滞している。初期試験には、砲塔重量に相当するデッドウェイトを載せることになっていただろう。

E-100の車体は、進撃してきたアメリカ軍が1945年4月上旬に鹵獲している。組立作業はほとんど進んでおらず、ようやく到着した戦闘用覆帯を懸架装置に装着することさえできなかった。砲塔を製作したという記録がなく、計画が放棄されたようだ。

ヤークトティーガー

皮肉なことに、ドイツが完成させた唯一の超重量級戦闘車両に破綻したマウス計画が貢献することになる。第二次世界大戦で実戦投入された、まさに最大最強の車両である。マウスは、1942年以来ラインメタル・ボルジッヒ社が製造してきた砲身長61口径128㎜対空砲FlaK 40の転用を軸に要求仕様が固まった。クルップが砲身長55口径として再設計をおこない、128㎜対戦車砲PaK 44が誕生する。制式呼称は、のちに128㎜駆逐戦車砲80（Panzerjäger Kanone 80）に変更されている。平衡機を使用しない砲架のため砲身が重くなり、長砲身化で性能向上をはかる余地が減少した。や

戦闘の相貌：1945年4月1日に乗員が放棄した第512重対戦大隊第1中隊のヤークトティーガーX7号車。決戦に挑んだドイツ超重戦車はごく少数で、最期は大抵この写真のようになった。上部構造物の前面が傾斜15°で250㎜、車体前面が50°で150㎜、車体下面が50°で100㎜の装甲をもってしても、このような状況にはなすすべもない。車体後面が40㎜、上部構造物の後部が80㎜の装甲厚だった。（写真提供：アメリカ陸軍）

同一車両を側面から見たところ。ヤークトティーガーは、もとになったティーガーB型と同じ弱点があった。深刻な出力不足、頻発する故障、上部構造物側面の25°傾斜80㎜装甲の耐弾性不足である。ヘンシェルの懸架装置は、9枚の複合転輪を通常のトーションバーが支える、重戦車と同様の方式だった。（写真提供：アメリカ陸軍）

むをえず砲口制退器を省略することで砲口速度の低下を回避している。結果、きわめて壊れやすい砲構造になってしまい、走行時の振動で砲軸線がずれないよう、起倒式支持架と内部固定機構が必要だった。陸軍調達局は1943年2月2日、重駆逐戦車（Jagdpanzer）の提案につき、まずクルップ社に打診する。ティーガーB型の車体に128㎜砲を搭載する設計で、車体は同年後半にヘンシェル社が生産開始の予定だった。運用構想は、射程3,000mの戦闘能力がある歩兵支援兵器として機動性よりも火力と

E　戦闘中のドイツ軍E-100、1945年4月1日

第二次大戦末期の1945年3月31日から4月1日にかけての熾烈な戦闘で、米陸軍第3機甲師団がパーダーボルンを制圧した。この仮想イラストはE-100が戦闘中の姿で、1944年にクルップが提案した設計とは、砲塔が異なっている。クルップ案は、砲塔の75㎜副砲を128㎜主砲の上方に配置する設計で、重量軽減には貢献したものの、おそらく運用試験で問題を露呈しただろうし、経済性の観点からモックアップ段階で棄却されたかもしれない。イラストは、普通の同軸並列配置に設計変更し、初期生産ロットのマウス砲塔5基が廃棄されずにエッセン工場に残存していたのを流用したと想定している。訓練をうけた戦車兵多数がおり、弾薬も入手できたゼンネラーガーを訓練と補給の拠点にしていたかもしれない。附近で行動不能になったヤークトティーガー5号車から弾薬を携えて脱出した乗員が、アドラー工場の作業員が迷彩塗装したまま放置したE-100に搭乗して戦ったという仮想だ。

- **寸法**：車体長8.733m、主砲を前方に向けた状態で全長11.073m、全幅4.48m、全高3.375m、最低地上高0.50m、主砲は砲身中心線で地上高2.45m
- **性能**：最高速度23㎞/h、行動半径（路上）160㎞、渡渉水深1.65m、超堤能力0.85m、超壕能力2.9m
- **動力**：マイバッハHL230 V型12気筒ガソリンエンジン、2,500rpmで出力600hp
- **走行装置**：8速OG 40変速機、前部にスプロケット起動輪、片側に8組の走行輪、コイルスプリング懸架装置
- **重量**：123.5t（計画）
- **乗員**：6名

装甲防護を重視しつつ、軟弱地や雪上などでの良好な路外走行性能も求めていた。

　発注当初の要求仕様は、200mmの装甲厚だった。クルップが砲と砲架まわりの装甲の生産および砲盾の装甲の設計を分担し、ヘンシェルが車体の生産を担う。新設計の仕様に合わせ、ティーガーB型の足回りを410mm延長した。

　ヒトラーが計画を1943年8月21日に承認、同年10月20日にはヘンシェルが実物大の木製モックアップを完成させている。すでにオーストリア、リンツのオーバードナウ鉄工所で最初の車体の製作がはじまっており、同年11月に完成、さらに3両が12月に完成した。12月には、近隣のザンクト・ファレンティンのニーベルンゲン製作所で最終組立と量産がはじまり、1944年2月に1号車と2号車が竣工した。この2両は、領収検査を1944年5月5日にクンマースドルフで開始した。

　陸軍内局は、木製モックアップの審査後に仕様を見直した。大幅な仕様変更として、短機関銃用の銃眼を廃止、128mm砲に装薬包と弾丸の分離弾を採用、戦闘室の前面装甲を250mmに強化、70口径長砲身化を中止、間接照準能力の要求を削除するなどの決定をしている。

　生産開始にむけて準備が進むなか、ポルシェ博士の執拗な邪魔がはいる。博士は、以前に自分が開発したものの不採用におわったティーガー改造駆逐戦車の懸架装置を採用するよう求めた。これは2枚1組の複合転輪を片側に4組配置し、横方向のトーションバー1本で各組を安定させる方式だった。単純な構造と、簡素なネジで車体外部に懸架装置を取付ける工程により、ポルシェ方式は重量を1.2t軽減、組立時間を1両あたりのべ450時間短縮できた。片側9枚の複合転輪を使用するヘンシェル方式に比較して内部空間の使用も節減し、さらに最低地上高を100mm増加させている。

　1944年2月に引渡された最初の2両は、ポルシェ方式とヘンシェル方式の懸架装置を使用した原型1両づつだった。同年5月の試験で、ポルシェ方式で重度の振動と縦揺れが発生することが判明する。舗装路上で走行速度が14〜15km/hをこえるまで症状が緩和しなかった。剪断力で車体から転輪が脱落するおそれがあり、高い軸重のため覆帯の損耗と破断が増加することも判明している。ヘンシェル方式だけの量産が決まったが、9月までに11両のポルシェ方式も生産することになった。この一件と、ニーベルンゲン製作所がⅣ号中戦車の増産を命じられたことが、生産遅延の原因となる。10月中旬の空襲の被害で事態がさらに悪化した。

　ニーベルンゲン製作所は、最初の2両に続いて7月と8月にヤークトティーガー各3

ポルシェ方式の懸架装置を使用するボービントンのヤークトティーガー。わずかに重なり合う複合転輪4組を、1組につき1本のトーションバーを横方向に取付けて懸架している。大幅な簡素化をもたらしたが試験に合格せず、11両で生産が打切られた。目立つ塗装をした洗桿〔センカン〕は、砲身洗滌用である。
（写真：著者撮影）

並外れた装甲にもかかわらず、このヤークトティーガーは数発の被弾で行動不能になってしまい、戦後にアメリカ軍がアバディーン試験場に移送した。主砲防盾の下側、車体下部中央、車体左側面前部の開閉式視察窓直下の3箇所で被弾しており、いずれも貫通はない。最後の被弾の破片で左側ファイナルドライブが損傷を受け、回転できなくなってしまった。敵に側面を向けた姿勢で擱坐したため、ただちに乗員が脱出している。（写真提供：アメリカ陸軍）

両、以後の3カ月でさらに8両、9両、6両を生産し、12月には最高記録となる20両を引き渡した。陸軍は1944年10月12日、本型式の確定発注数を150両とし、ティーガーB型重戦車に生産移行させることを決定する。しかし1945年1月にヒトラーが介入、生産を継続し、可能ならば増産することを命じた。

陸軍はこの総統令の実行に逡巡し、ニーベルンゲン製作所に100両を追加発注することで体裁を整え、戦闘車輌組立の経験がないユング社に1945年5月以降の生産拠点を移すことにしている。総計88両前後のヤークトティーガーが生産され、うち4両以上が物資欠乏のため88㎜砲を搭載していた。最終バッチ8両の大半が工場から搬出されず、1945年5月9日に赤軍が工場を接収する以前に破壊されたようだ。今日ヤークトティーガーは、ボービントン戦車博物館（ポルシェ方式懸架装置）、米国バージニア州フォート・リーの武器訓練遺産博物館、およびクビンカのロシア戦車博物館で見ることができる。

技術面では、ヤークトティーガーは高度に進化した戦車で、10倍の射手用双眼潜望照準鏡をもち、徹甲弾用に0-4,000m、榴弾用に0-8,000mの射程目盛を備えていた。55口径128㎜砲は、2,000mの距離から傾斜30°の148㎜装甲を、1,000mから167㎜装甲を貫通できた。

しかし運用においては、巨体ゆえの低機動性、頻発する故障、主砲を良好な状態に維持することの困難さなど、深刻な制約があった。たしかに大戦末期で兵站支援と乗員の技量が悪化していたという外部要因もある。しかし実際に本形式を装備した2個大隊の損失の大半は、機械装置の故障、燃料切れ、あるいは軟弱地で行動不能になったことが原因だった。砲撃をともなう実戦の例はきわめて少なく、これは作戦開始予定時刻までにヤークトティーガーを前線に移動させるのが困難だったからだ。さらには、発射速度〔単位時間あたりの発射弾数〕が低いことから、多数を投入して集結使用する必要があった。振動に弱いため、照準器との頻繁な砲軸線整合を要し、起倒式支持架で固定せずに走行した際に問題が多発している。発射時の振動でさえ照準器がずれ、たえず規正が必要だった。エンジンと動力伝達機構は、長時間の行軍に持久で

F ドイツのヤークトティーガー

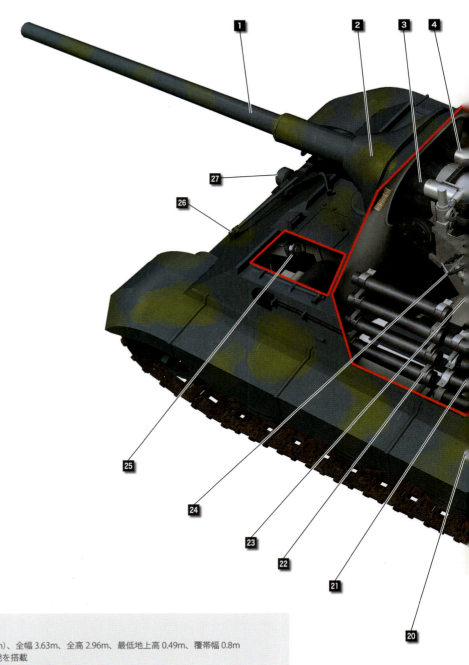

諸元
重量　　75t
寸法　　全長 10.65m（車体長 7.52m）、全幅 3.63m、全高 2.96m、最低地上高 0.49m、覆帯幅 0.8m
武装　　主砲 128㎜、半固定弾 40 発を搭載
機動性　超壕能力 2.5m、渡渉水深 1.75m、超堤能力 0.88m
行動半径　170km（路上）、860 リットルの燃料を使用
最高速度　41.5km /h

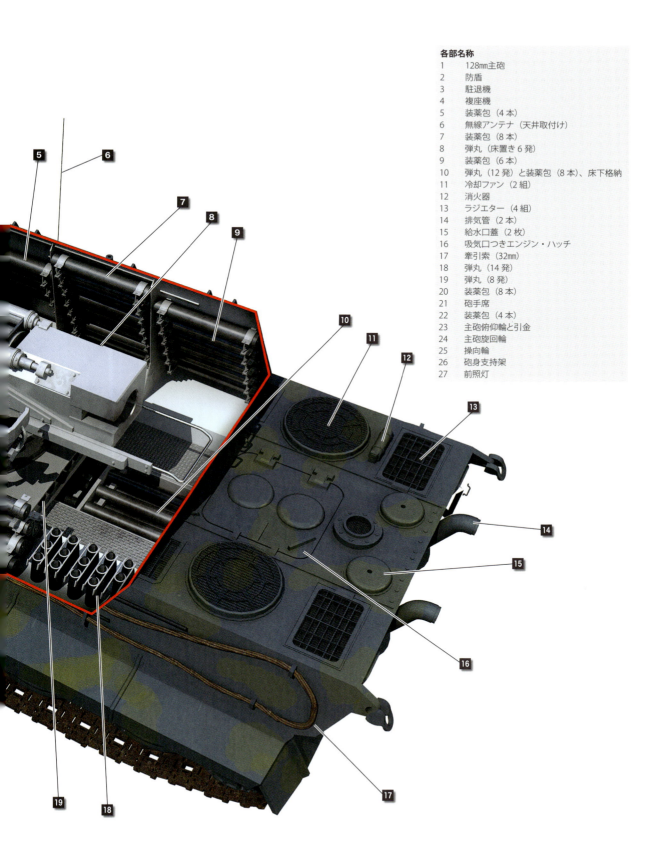

各部名称
1 128mm主砲
2 防盾
3 駐退機
4 複座機
5 装薬包（4本）
6 無線アンテナ（天井取付け）
7 装薬包（8本）
8 弾丸（床置き6発）
9 装薬包（6本）
10 弾丸（12発）と装薬包（8本）、床下格納
11 冷却ファン（2組）
12 消火器
13 ラジエター（4組）
14 排気管（2本）
15 給水口蓋（2枚）
16 吸気口つきエンジン・ハッチ
17 牽引索（32㎜）
18 弾丸（14発）
19 弾丸（8発）
20 装薬包（8本）
21 砲手席
22 装薬包（4本）
23 主砲俯仰輪と引金
24 主砲旋回輪
25 操向輪
26 砲身支持架
27 前照灯

ボービントンのヤークトティーガーのエンジンカバーを開いた状態で、マイバッハHL-230エンジンが入る狭い空間がわかる。両側の区画には、ガソリンタンク、ラジエター、冷却ファンとファン駆動装置を収めている。車体上部の装甲は40mmだった。
（写真：著者所蔵）

きなかった。

　この巨大な重戦車は、操縦特性が劣悪で、適切な戦車橋がなかったことから、投入可能な戦場が狭まった。走行装置への負荷と行動不能の危惧のため、渡渉が不適当なことも判明している。

　欠陥の多くは、急造と部隊の練度不足による初期障害と見ることもできる。しかしまた、本書でとりあげた他形式にも共通する、超重戦車の宿命も示唆していた。敵に対する技術優位性の確立を急ぐあまり、実際には装備の質が要求性能を大幅に下回った。採用以前に試験できた構成品があまりにも少なく、設計自体が物資と当時の軍需産業の技術水準に比して高望みしすぎていた。1945年以降の装甲車輌生産計画において、パンター、ティーガーB型、および小型車輌の増産をひたすらに追求したドイツ陸軍調達局の苦労がしのばれる。

　ドイツ陸軍の戦車調達経路がますます複雑怪奇になるなか、あるいは浮上していたかもしれない、夢物語のような最終兵器構想の実現を目指していたら、内局の負担がさらに重くなっていただろう。ましてや運用など問題外だ。この種の空想兵器のなかには、インターネットや三流誌などの媒体を通じて広まったラッテ（ねずみ）計画およびモンスター計画なるもののように、検証不能の流言もある。

　ラッテ計画における、グナイゼナウ級戦艦の280mm砲連装砲塔を搭載する装軌車輌を建造できる、という発想そのものが荒唐無稽だ。ノルウェーのトロンハイム近郊、エーランデのアウストロート要塞遺構に現存する砲塔を実際に見れば、現実に目が覚めるだろう。これはグナイゼナウのC砲塔を沿岸防衛用に据付けたものだ。砲塔に必要な動力源、弾庫、装薬庫、揚弾や俯仰旋回の機械装置を固定砲台の基礎に収めるだけでも、千トンをはるかに超える人工構築物が必要なのだ。また、このような巨砲を自走化する必要性についても、なんら記述がない。愉快犯の捏造か、さもなくば技術者の座興や洒落の類だろう。「モンスター」も同様。これは800mmのグスタフ／ドーラ列車砲を自走化するという構想だ。ドーラ本体に複線軌道、人員と支援機材用としてさらに1、2本の側線を要したことを見ても、この仮想装軌車輌の諸元として流布している数値がいかに現実離れしているかわかる。

〔訳注：三菱重工で試作設計に携わった大高繁雄は、水冷式エンジンと記述している。〕

〔訳注：後部小砲塔が1基だったという説もある。〕

後発国の参入

日本のオイ車

　日本陸軍のオイ車と、先駆となった100t戦車の開発は、日本海軍が世界最大の戦艦を1930年代に建造しようとしたのと同様に、最強の戦車をつくるという大艦巨砲主義を反映していた。100t戦車計画は、1939年のノモンハン事件で赤軍に喫した敗北が直接の動機だ。陸軍統帥部は、「満州の大平野で移動トーチカとして使用し得る巨大戦車」の開発を極秘裏に命じる。1940年に100t超重戦車の試作車1両が製作された。外観は全般に九五式重戦車に似ている。主砲は口径105mmの九二式十糎加農で、九五式の車体への搭載試験を事前に完了していた。車体前部と後部に小砲塔を備えていたが、基数は不明だ。懸架装置は板バネ式だった。試験で懸架装置を破損したため、100t戦車は計画中止となり、試作車は廃棄された。1944年には、戦局がきわめて悪化していた。ドイツが超重戦車を開発中という情報が入り、あらたな巨大戦車構想が浮上する。オイ車という秘匿名の新型超重戦車の開発が始まった。中央砲塔の主砲は、九二式十糎加農を改造した野戦砲を今回も採用している。車体前部に小型砲塔2基をやや左寄りに配置、一方は一式四十七粍戦車砲1門、他方は九七式車載重機関銃1挺で武装する。車体後部にも、重機搭載の同様な小砲塔2基を配置した。最大装甲厚150mmで、ポルシェ式複合転輪のようなボギーを板バネ式懸架装置で支えた。

　動力機関としてBMW式航空用空冷ガソリンエンジンを改造したもの2基を搭載し、合計1,100hpの出力を得た。このエンジンは、五式中戦車（チリ車）にも採用されている。2基のエンジンは、縦むきに並列配置して車体後部に収めた。動力伝達機構の構成は、九七式中戦車（チハ車）と同様だった。ただしギアが大型になっている。操縦席の正面に前進5段変速機のレバーがあり、両手で操作した。さきの100t戦車と同様に三菱が受注したが、戦局の悪化にともない、試作車完成のまえに計画が中止になった。150tもの重量と乗員11名という諸元は、フランスの要塞戦車構想と似ている。全長10.1m、全高4m（車体上面高さ2.5m）、覆帯幅0.9m、接地圧1.20kg/cm²だった。九八式五五〇馬力発動機（BMW VI改空冷V型12気筒）2基で、最高速度24km/hを得る。一部資料による推定装甲厚は、砲塔が全周200mm、車体前面200mm、車体側面110mmまたは75mmに増加装甲板35mmである。武装は、主砲105mmカノン砲1門、副砲47mm一式戦車砲1門、7.7mm重機関銃3挺からなる。野戦砲仕様の九二式十糎加農は、口径105mm、砲身長45口径、砲口速度765m/sで最大射程18,200mだった。この砲の榴弾は重量が16kgあり、徹甲弾は100mの距離から175mmの装甲を貫通できた。

アメリカのT28

　第二次世界大戦中アメリカ陸軍は、重戦車を作戦投入する施策をほとんど抑止してきた。中戦車の開発と大量生産が勝利への決め手と見ており、実施部隊もこの考え方におおむね満足していた。ヨーロッパ戦線でティーガーB型重戦車やパンター中戦車に手こずったことで、この方針に一部変更があったものの、実施部隊上層部は重量が50〜70tを超えるいかなる戦車にも反対するのが常であった。一方で兵器局は、特殊な突撃戦車の必要性を認めていた。連合軍がフランスに上陸して拠点を確保したあとに、敵要塞を攻略する戦車である。1943年9月、ジークフリート線ほか、想定できるドイツ軍要塞に対する攻撃に特化した車輌の構想と設計の作業が始まる。

　主砲には、装甲および強化コンクリートに対して好成績をおさめた新型T5E1 105mm砲を初期構想で採用した。前部装甲厚203mmの巨体を動かすため、T1E1重戦車およ

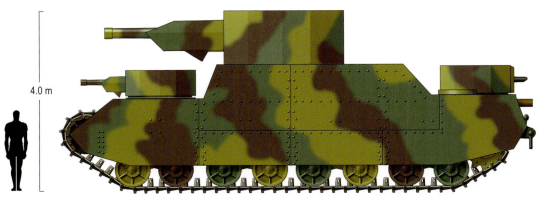

日本のオイ車は、重量が120～150tにおよび、連合軍装甲車輌に伍する手段を模索する陸軍を体現していた。道路・橋梁の制約が多い日本本土や満州で、一体どのように運用するつもりだったのか想像できない。かつて日本には多砲塔戦車の伝統があった。予備設計にもとづいた、この1944年仮想イラストのように、まだ伝統が残っていたようだ。大戦後期の迷彩をまとっている。
（イラスト：スティーヴン・ザロガ）

びT23中戦車に採用した電気駆動装置が必要だった。兵器局は、ヨーロッパ侵攻後の使用に間に合うよう25両を生産することを提案する。敵要塞を制圧すべき状況において、相当数の特殊戦車を投入するのが望ましいと考えていた。陸軍地上軍はこれに同意せず、在来型機械式駆動装置を用いた試作車3両の代替案を示している。1944年3月、特殊突撃戦車の設計が承認されてT28重戦車という制式名が与えられ、原型5両の試作が認められた。

T28は在来型と異なる新機軸が多く、なかでも特異なのが砲塔を排して全高を低くした設計である。主砲を最前部に配置することにより、鋳造による車体構成で前面および側面の耐弾性を強化できた。105mm主砲の射角は、左右の旋回が最低10°、俯仰が+20°から-5°だった。4名構成の乗員が車格にふさわしいと見なされた。操縦手と砲手を主砲の左右にふりわけて、車長を砲手の後方に、装填手を戦闘室後部左側に配置した。操縦手と車長だけが専用の展望塔を持つ。車長の展望塔には12.7mm機関銃が据え付けてあり、射撃時は起立して車外に身を曝す必要があった。この機関銃が主砲以外唯一の車載火器で、味方掩護下で遠距離から交戦する想定でT28を設計したことが明らかだ。砲手は、潜望鏡式と望遠鏡式の照準器を使用する。装填手も、自席左側、主砲後方に専用の潜望鏡を持った。装填手1名で重い半固定弾を扱うため、最大発射速度が毎分4発にとどまると見込まれた。

M26中戦車搭載型と同一のエンジンを採用したことからT28は出力不足になり、最高速度が12.9km/hにとどまった。接地圧を下げるために増加覆帯を使用するときは、102mm厚の側面スカートとともに約2.5時間で車体側面外側に装着できた。減圧不要時

超重戦車と改称されたT28が、1946年10月3日のアバディーン試験場での展示に、迫力ある姿を現した。当時最強の戦車砲と、今日までの歴代アメリカ戦車で唯一の重装甲を誇ったが、動力が不足気味で、4名の乗員では想定任務に不十分という見解もある。砲の旋回角は、右10°、左11°だった。
（写真提供：アメリカ陸軍）

前ページの写真で車体左側に見える吊柱を使用して、本車独特の増加覆帯懸架装置一式を車体外側に装着する。増加覆帯により、重量86.2tのT28の接地圧を1.14kg/c㎡から0.82kg/c㎡に下げることができた。減圧不要時および鉄道輸送時には、増加覆帯一式をトレーラー車体に装着して牽引する。側面装甲は、鋳造の上部構造が傾斜57°で64㎜、車体下部が50㎜の厚さで、102㎜のスカートで補強した。
（写真提供：アメリカ陸軍）

および鉄道輸送時には、増加覆帯を外し連繋して牽引する。

　1945年1月、兵器局研究開発部長のグラデオン・M・バーンズ少将が、ドイツ陸軍が導入した「新型タングステン・カーバイド砲弾の恐るべき威力」に対してT28が脆弱になったと局長に報告、対策として前面装甲を305㎜に強化することを具申する。80t級よりも格段に重い戦車を通せる架橋を工兵隊が開発中だとも明かした。兵器局長は、時を移さず対応し、砲塔も正規の副武装もないという理由で制式名をT28重戦車からT95自走砲に改めた。

　生産余力のある主契約社の選定に難渋したのち、兵器局は1945年3月、パシフィック・カー・アンド・ファウンドリー社（太平洋自動車鋳造＝パッカー社）にT95試作車5両を発注する。パッカー社は、6月20日に車体前部の初回鋳造をおこない、8月に1号車体の熔接を完了した。完成車輌の戦闘重量は、86.2tだった。

　太平洋戦争の終結ですべての兵器計画が縮小され、T95試作車の発注数も5両から2両に削減される。1945年12月21日に試作1号車が、翌年1月10日に2号車が、それぞれアバディーン試験場に移送された。いかなる突破戦車や要塞戦車も不要になった

増加覆帯を装着した状態では、T28が幅広に見える。7.5mの車体長（主砲含まず）に対して4.55mの全幅が、増加覆帯を外すとわずか3.15mまで狭まった。操縦手と車長だけが専用のハッチを持つ。車体後部の巨大なカバーの陰には、冷却用吸気口と排気口がある。500hpのGAF V型8気筒ガソリンエンジンとアリソン・トルクマチック変速機で駆動した。
（写真提供：アメリカ陸軍）

305mmの上部前面装甲と292mmの防盾で固めたT28は、戦時の緊要として短期で生まれ消えていった。主砲は、砲口速度914.4m/sで33.6kg被帽徹甲弾、1,128m/sで27.2kg高速徹甲弾を発射できた。砲手は、上部の潜望鏡照準器と主砲同軸の望遠鏡照準器とを併用する。主砲以外唯一の車載火器は、車長用の12.7mm機関銃だった。
（写真提供：アメリカ陸軍）

め、陸軍は2両の試作車をアバディーンやフォート・ノックス他の施設で、技術試験に供している。

1946年6月、陸軍の命名法が再変更されたことにともない、アメリカ陸軍唯一の超80ショート・トン級超重戦車として、T28と呼称変更された。重戦車部品の損耗試験は、アバディーンおよびユマ試験場で1947年後半まで続いた。試作2号車は、エンジン火災による焼損のため、ユマで廃棄処分になっている。アバディーンに送られた1号車は、滅失と記録にあるだけで、長年にわたって消息不明だった。破壊されたとも、廃棄されたとも伝えられていた。1974年、バージニア州のフォート・ベルボアで装備品の棚卸点検をしていた某少尉が、職務に忠実なあまり試験場跡地に迷い込み、怪物の遺骸を発見する。このT28は、フォート・ノックスに移送ののち修復され、唯一現存する車両として今日フォート・ベニングの国立装甲騎兵博物館の所蔵品となっている。

イギリスのトータスA39

第二次世界大戦の章をイギリスのTOG超重戦車で始めたので、同様な生い立ちのトータス重突撃戦車で本書を締めくくるのが妥当だろう。イギリス陸軍は、何度か突撃戦車の構想を立てている。一般に在来型戦車に増加装甲を装着した形態で、ドイツ陸軍の主力対戦車砲の射弾に抗堪しつつ、堅固に防御した敵陣を蹂躙して敵装甲車両を

1946年10月3日の展示で、戦車運搬車の荷台に登るT28。このような輸送支援なしに、11.3km/hで持続走行でき、ガソリン1,514リットルを消費して路上で約160kmを移動できた。超壕能力2.9m、超堤能力0.61m、渡渉能力1.19mである。
（写真提供：アメリカ陸軍）

制圧することをめざしていた。

　このような在来型突撃戦車構想で、ドイツのジークフリート線を突破できるものは皆無だった。そこでイギリス陸軍は、アメリカ陸軍と同様に、この任務に特化した特殊戦車の開発に乗り出す。従来の枠を超える巨大で複雑な車両で、1943年3月に構想概要を軍需産業に提示した。ナフィールド社がA39戦車の開発に着手する。特異な車体形状と、1943年から44年の期間に検討した設計案16点の最後であったことから、トータス（亀）と名付けられた。（他に2点あったが、いずれも重火炎放射車両の構想だった。）最終設計確定後、25両を1945年に配備することをめざして生産が始まった。戦争の進捗が本計画を追越していく。結局トータスは、6両だけが完成し、1946年から引渡しが始まっている。

　第二次大戦開戦以来の戦訓を反映して、トータスは装甲防御と火力を最優先した設

車体上部の戦闘室換気扇、通信機アンテナ、操縦手キューポラが写っている。戦闘室と機関室の鋳造構造の継目に注意。上面装甲は38mm、後部鋳造部分は51mmの厚さがあった。
（写真提供：アメリカ陸軍）

トータスの原型3号車の写真で、強力な主砲と厚い装甲による実用性重視の設計とともに、充実した煙幕装備がわかる。砲塔上部に発煙弾用2インチ迫撃砲を搭載、さらに戦闘室前部両脇と旋回機銃塔に固定式発煙弾発射器を装備してあり、良好な自己隠蔽能力があった。
（写真提供：ボービントン戦車博物館）

計になっており、他のイギリス戦車では許されなかった低速、低機動性、過大重量を代償として受け入れた。同時代のアメリカ戦車T28と同様に無砲塔で、いまだかつて戦車に搭載したことのない強力な主砲を、巨大な装甲車体と鋳造上部構造物でまもる設計だった。T28との重大な相違点は、機関銃座があることで、より近接戦闘を重視した想定だ。乗員と随伴歩兵との連絡用電話を設けてあることからも、この意図がわかる。

　構成は、大型一体鋳造の前部車体（変速機）、上部構造（乗員戦闘室）、後部機関室を組合わせた全熔接構造の車両に、二重トーションバー式懸架装置と0.91m幅の鋼製ピン覆帯を取付けたものだった。側面装甲板が懸架装置の大部分を覆っている。主砲は、3.7インチ／32ポンド（93.4㎜）重対空砲を改造したもので、砲身長62口径であった。毎分2,500回転で出力650bhpのロールスロイス・ミーティアMk Ⅴエンジンを搭載し、78tの戦闘重量でも最高速度19㎞/hを出せたのは立派だ。行動半径は、140㎞にとどまっている。

G　イギリスのトータス

トータス重突撃戦車は、1939年の要塞戦車構想への回帰で、同じくドイツ軍のジークフリート線を想定目標にしていた。

寸法：全長10.06m（車体長7m）、全幅3.89m、全高2.87m

性能：最低地上高0.38m、覆帯幅0.91m、超壕能力2.44m、渡渉水深1.37m、超堤能力0.91m、接地圧0.88kg/㎠

行動半径：140km（路上）、530リットルの燃料を使用

最高速度：17km/h

装甲防御：大型の一体鋳造（15.88t）戦闘室、0°〜47.5°の前面が装甲厚279〜203mm、85°の側面が178〜156mm、後部垂直面120mm、車体前部曲面228mm、車体側面下部112mm、サイドスカート101mm、後部鋳造機関室120mm、戦闘室上部33〜50mm、車体底部35mm

これも原型3号車で、運搬用特殊トレーラーに乗っている。1948年の西ドイツでの運用試験の写真だ。部隊側は、機械装置の信頼性、主砲の威力と射撃精度を高く評価した。まだ戦火の傷跡が残る当地で、「機動性」は禁句だった。この時には、砲弾4発分の弾倉を後座安全枠に取付けてあり、咄嗟射撃の便宜をはかっている。トータスの運用は限られていたが、部隊まで到達した最後の超重戦車として名をとどめている。
(写真提供：ボービントン戦車博物館)

　西ドイツ駐留のイギリス陸軍ライン軍団が1948年にトータス戦車2両の運用試験をおこなったが、部隊配備には至っていない。機械装置の信頼性と火力が好評だった一方、過大な重量と寸法のため輸送と機動に難渋した。超重戦車の例にもれず、道路と町村が深刻な損害を被っている。

　アメリカのT28と同様、トータスは兵器と工学の研究に多用された。とりわけ32ポンド砲によって可能になった、超高速APDS（装弾筒付徹甲弾）の試射が興味深い。1946年、当時最大の1:1.76縮射弾の試射において、計画値の1,448m/sをわずかに上回る1,524m/sの砲口速度を記録している。装弾筒は300mで分離されたものの、弾底部が1,000m以上も飛翔して、人員に危害があることが判明した。傾斜40°の200mm均質装甲板を1,280m/sで貫通できたが、さらに標的を立たせると侵徹体が破砕してしまい、超高速APDS実用化のために一層の研究が必要なことがわかった。通常の被帽徹甲弾を用いた射撃は、20ポンド（84mm）APDS弾よりもずっと精度が高く、遠距離でも良好な成績をおさめている。

　先行生産型の上部構造の前面と側面の試験を1945年後半におこない、17ポンド砲、3.7インチ砲、およびドイツ88mm PaK43対戦車砲に対して要求仕様を満たす耐弾性があることを確認している。ブリネル硬さを282から250乃至255まで下げると、脆性破砕がなくなった。側面装甲は17ポンド砲の徹甲弾を食い止め、前面装甲は3.7インチ砲および88mm砲の至近距離からの直撃に耐えた。

　トータスは、弾薬収納の問題を抱えつづけた。60発の弾丸には咄嗟射撃用の即用弾架がなく、装薬包12発分だけを砲手の近くに置いて、残りはすべて戦闘室の床下に収めた。機関銃弾は、7,500発を携行している。機関銃塔は、再設計して換気を改善する必要があった。長所としては、32ポンド砲の曳光弾が2,926mの距離から視認できた点、砲身命数が「長命」と判定された点などがある。もし弾薬収納を改善できていれば、装填手2名で1分間に6発から8発の持続発射速度が可能になっていたかもしれない。煙幕装備は充実しており、発煙弾用2インチ迫撃砲1門と、自己隠蔽用の6連装発射器3基を備えていた。

　今日、トータス1両がボービントン戦車博物館で可動状態にあるのは、関係者の努力の賜物だ。本車を最後に使用したのは1949年のことで、ラークヒル駐屯地での試射だった。スコットランドのカークーブリ演習場にもう1両の遺骸があるが、おそらく修復不能だろう。

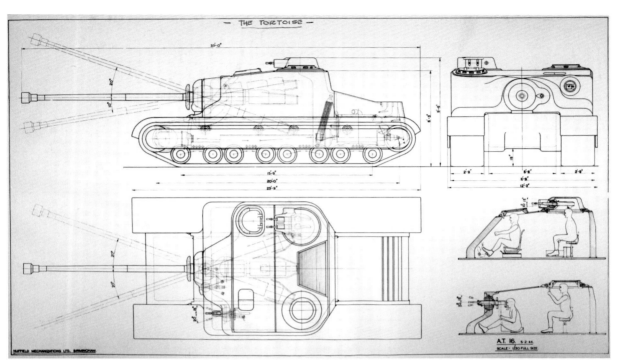

7名の乗員を戦闘室内の狭い空間に配置しているため、床上に弾薬をほとんど収納できなかったことがわかる。戦闘室が左右の覆帯の上方まで張出しているが、それでも主砲がかなりの空間を占めている。右下の透視図が車長と前部機関銃手（32ポンド砲手は、前部機関銃手と砲架の隙間に着座）、その上が操縦手とキューポラ機関銃手の定位置を示している。後部壁面を背にする装填手2名は、この図に描かれていない。
（写真提供：ボービントン戦車博物館）

総括

Summary

　失敗の連続ともいえる開発史ではあったが、第二次世界大戦の超重戦車は、戦車設計・生産の工学上の課題を多数提起し、構想を具現化する過程で得られた技術革新もあった。しかし大多数は、車輌の寸法と重量そのものが、技術水準と生産能力をはるかに超えていた。

　計画の頓挫が深刻な影響を与えた例はなく、投入した資材の浪費にとどまった。構想を実現した件数は、きわめて少ない。開発の前提になった戦術・用兵思想が誤っていたか、あるいは完成予定時期までに陳腐化してしまったのだ。第二次大戦において、あらゆる種類と能力の要塞が特殊装甲車輛を用いることなく無力化された。近代の戦場で戦術・作戦上の突破口を得るためには、敵を凌駕する火砲と装甲の一点集中よりも、物量と機動力で圧倒し兵站を持続することの重要性が高まった。ドイツ軍がヤークトティーガー駆逐戦車を運用した数例が示すように、少数しか配備しない超重戦車は、連合軍の進撃に圧倒され、すぐに排除されてしまったのだ。

　そもそも兵站上のハンディキャップが超重戦車の末路を予言していた。鉄道輸送に分解を要するという制約、渡河・渡渉の制限、軟弱地や隘路で行動不能になる危険があいまって、超重戦車の運用は困難を極めた。自走して展開すると、ほとんど試運転していない構成品に常時負荷がかかるため、短時間で故障した。各国陸軍は失敗を教訓とし、このような重厚長大兵器を地上でふたたび運用することがなかった。例外は、きわめて特殊な工兵・建設機械だけである。

Further reading
参考図書

Devey, Andrew, Jagdtiger: the Most Powerful Armored Fighting Vehicle of World War II, 2 volumes, Schiffer, 1999
Ferrand, Stéphan, Histoire des Blindés Français, Argos 2012
Frölich, Michael, Kampfpanzer Maus: der Überschwere Panzer Porsche Typ 205, Motorbuch 2013
『日本の戦車』原乙未生、栄森伝治、竹内昭　共著、出版協同社、1978
Harris, J. P., Men, Ideas and Tanks: British Military Thought and Armoured Forces, 1903-1939, Manchester University, 1996
Hunnicutt, Richard P., Firepower: A History of the American Heavy Tank, Presidio, 1988
Jentz, Thomas L., Panzerkampfwagen Maus, Darlington, 1997
Jentz, Thomas L. and Hilary Louis Doyle, Schwere Panzerkampfwagen Maus and E100: Development and Production from 1942 to 1945, Panzer Tracts, 2008
Kolomiets, M. and V. Mal'ginov, Soviet Supertanks, Bronekollektsiya (Armour Collection) No. 1, 2002
Malmassari, Paul, "Les Projets de Chars de Forteresse," Revue Historique des Armées, 1 (2004), 11-24
Musée des Blindes, Le Char 2C, Samur Muséum, 刊行年不明
『日本陸軍の火砲　野戦重砲・騎砲他』佐山二郎、光人社、2012
Schneider, Wolfgang and Rainer Strasheim, Deutsche Kampfwagen im 1. Weltkrieg. Der A7V und die Anfänge deutscher Panzerentwicklung (Das Waffen-Arsenal. Band 112) Podzun-Pallas, 1988
「動く要塞　幻の100トン戦車開発秘話」大高繁雄の寄稿、『戦車と戦車戦』島田豊作ほか、光人社、2012
『帝国陸軍陸戦兵器ガイド1872-1945』UTP実行委員会著、松代守弘監修、新紀元社、1997
Spielberger, Walter J., Hilary L. Doyle, and Thomas L. Jentz, Heavy Jagdpanzer, Schiffer 2007
Svirin, Mikhail, Soviet Tank Artillery, 1940-1945, Armada, 1997
United Kingdom. "Development of New Series German Tanks up to the end of March, 1945," Combined Intelligence Objectives Sub-Committee 19:XXXII:35
Zaloga, Steven J., German Panzers 1914-18, Osprey, 2006
Zaloga, Steven J. and James Grandsen, Soviet Tanks and Combat Vehicles of World War II, Arms and Armour, 1984

トータスは、32ポンド砲を独特のジンバル方式で架装している。主砲は、14.5kg被帽徹甲弾を砲口速度945m/sで発射できた。
(写真：著者撮影)

◎訳者紹介 | 南部龍太郎（なんぶりゅうたろう）

1956年、神戸市に生まれる。横浜市在住。石油製品の営業、投資銀行の資金調達、ジェット燃料の調達とロジスティクス、コモディティー・デリバティブ取引、航空機の調達、建築資材の在庫管理などの職務をへて、現在は航空会社機用品の物流管理を専門にしている。訳書に『ドイツ空軍のジェット計画機』『ドイツ空軍塗装大全』があるほか、『スケールアヴィエーション』誌の表紙英文も担当している。（いずれも小社刊）

オスプレイ・ミリタリー・シリーズ
世界の戦車イラストレイテッド 40

第二次大戦の超重戦車

発行日	2015年12月19日　初版第1刷
著者	ケネス・W・エステス
訳者	南部龍太郎
発行者	小川光二
発行所	株式会社 大日本絵画 〒101-0054　東京都千代田区神田錦町1丁目7番地 電話：03-3294-7861 http://www.kaiga.co.jp
編集・DTP	株式会社 アートボックス http://www.modelkasten.com
装幀	梶川義彦
印刷/製本	大日本印刷株式会社

SUPER-HEAVY TANKS OF WORLD WAR II

©Osprey Publishing 2014

All rights reserved.

This edition published by Dai Nippon Kaiga Co. Ltd. by arrangement with Osprey Publishing, an imprint of Bloomsbury Publishing Plc.
Japanese language translation
©2015 Dainippon Kaiga Co. Ltd
ISBN 978-4-499-23170-1